Mittlerer Schulabschluss
Zentrale Prüfungen 2011
Originalprüfungen
Mathematik

Autor:
Wolfgang Hecht (Lösungsvorschläge Originalprüfungen)

MITTLERER SCHULABSCHLUSS

ZENTRALE PRÜFUNGEN 2011

Originalprüfungen

MATHEMATIK

Prüfungsaufgaben mit Lösungen

NORDRHEIN-WESTFALEN

Realschule | Gesamtschule | Typ B

Cornelsen

Die in diesem Werk angegebenen Internetadressen haben wir überprüft (Redaktionsschluss 01.07.2010). Dennoch können wir nicht ausschließen, dass unter einer solchen Adresse inzwischen ein ganz anderer Inhalt angeboten wird.
Nicht in allen Fällen war es uns möglich, den Rechteinhaber ausfindig zu machen. Berechtigte Ansprüche werden selbstverständlich im Rahmen der üblichen Vereinbarungen abgegolten. Wir bitten um Verständnis.

www.cornelsen.de

Bibliografische Information: Die Deutsche Bibliothek verzeichnet diese Publikation in der Deutschen Nationalbibliografie; detaillierte bibliografische Daten sind im Internet über http://dnb.ddb.de abrufbar.

2. überarbeitete und aktualisierte Auflage.

Projektleitung: Uta Kural u. Stefan Giertzsch, Cornelsen Scriptor Berlin
Redaktion: Ulrike Klein, Berlin
Gesamtgestaltung: Beate Schubert u. Uta Eickworth, Berlin
Umschlagentwurf: Patricia Müller, Berlin
Illustrationen: Dorina Tessmann, Berlin
Sachzeichnungen: Martin Frech, medienfrech.de
Layout und Herstellung: medienfrech.de
Druck und Bindearbeiten: fgb · freiburger graphische betriebe
Printed in Germany
ISBN 978-3-06-150019-1

Gedruckt auf säurefreiem Papier,
umweltschonend hergestellt aus chlorfrei gebleichten Faserstoffen.

Inhaltsverzeichnis

PRÜFUNGSAUFGABEN 2008 PRÜFUNGSTEIL 1

LÖSUNGSVORSCHLAG 2008 PRÜFUNGSTEIL 1

PRÜFUNGSAUFGABEN 2008 PRÜFUNGSTEIL 2

LÖSUNGSVORSCHLAG 2008 PRÜFUNGSTEIL 2

PRÜFUNGSAUFGABEN 2008 TYP A PRÜFUNGSTEIL 1

LÖSUNGSVORSCHLAG 2008 TYP A PRÜFUNGSTEIL 1

PRÜFUNGSAUFGABEN 2008 TYP A PRÜFUNGSTEIL 2

LÖSUNGSVORSCHLAG 2008 TYP A PRÜFUNGSTEIL 2

PRÜFUNGSAUFGABEN 2009 PRÜFUNGSTEIL 1

LÖSUNGSVORSCHLAG 2009 PRÜFUNGSTEIL 1

PRÜFUNGSAUFGABEN 2009 PRÜFUNGSTEIL 2

LÖSUNGSVORSCHLAG 2009 PRÜFUNGSTEIL 2

PRÜFUNGSAUFGABEN 2010 PRÜFUNGSTEIL 1

LÖSUNGSVORSCHLAG 2010 PRÜFUNGSTEIL 1

PRÜFUNGSAUFGABEN 2010 PRÜFUNGSTEIL 2

LÖSUNGSVORSCHLAG 2010 PRÜFUNGSTEIL 2

Seiten (OP/L)	Thema	Aufgaben
	Prüfungsteil 1	
24/27	Algebra, Einheiten, Daten und Diagramme	1
44/47	Algebra, Maßstäbe, Geometrie, Diagramme	1
62/65	Algebra , Geometrie, Diagramme	1
80/83	Algebra, Maßstäbe, Diagramme	1
100/104	Geometrie, Algebra, Wahrscheinlichkeit	1
	Prüfungsteil 2: Geometrie	
30/36	Geometrie	2
50/56	Geometrie	2
70/75	Geometrie	3
88/94	Geometrie	3
108/114	Geometrie	2, 4
	Prüfungsteil 2: Funktionen	
31/37	Funktionen	3
53/58	Funktionen	4
71/76	Funktionen	4

LH: Lösungshinweise

Für Schnelle:
Du musst mindestens 1 Originalprüfung mit Lösungsvorschlägen pro Aufgabenbereich gelesen haben.

ahr	gelöst mit LH	gelöst ohne LH	bearbeitet/ gelesen am			Kommentar
007						
008						
008 vp A						
009						
010						
007						
008						
008 p A						
009						
010						
007						
008						
008 p A						

Für Gründliche:
Du solltest mindestens 1 Originalprüfung pro Aufgabenbereich gelesen und gelöst haben.

Seiten (OP/L)	Thema	Aufgaben
86/93	Funktionen	2, 4
110/116	Funktionen	3
	Prüfungsteil 2: Prozentrechnung	
30/36	Prozentrechnung	2, 4
51/57	Prozentrechnung	3
89/96	Prozentrechnung	4
108/114	Prozentrechnung	2
	Prüfungsteil 2: Daten und Diagramme	
32/39	Daten und Diagramme	4
68/74	Daten und Diagramme	2
108/114	Daten und Diagramme	2
	Prüfungsteil 2: Wahrscheinlichkeitsrechnung	
51/57	Wahrscheinlichkeitsrechnung	3
86/93	Wahrscheinlichkeitsrechnung	2
111/117	Wahrscheinlichkeitsrechnung	4

LH: Lösungshinweise

Für Schnelle:
Du musst mindestens 1 Originalprüfung mit Lösungsvorschlägen pro Aufgabenbereich gelesen haben.

ahr	gelöst mit LH	gelöst ohne LH	bearbeitet/ gelesen am			Kommentar
009						
010						
007						
008						
009						
010						
007						
008 yp A						
010						
008						
009						
010						

Für Gründliche:
Du solltest mindestens 1 Originalprüfung pro Aufgabenbereich gelesen und gelöst haben.

Liebe Schülerin, lieber Schüler!

Im Frühjahr ist es so weit: Am Ende der 10. Klasse wirst du die Abschlussprüfung ablegen. Dieses Buch hilft dir, dich effektiv auf die Prüfung vorzubereiten.
Wir haben es so aufgebaut und geschrieben, dass du selbstständig damit arbeiten kannst. Du findest in diesem Buch die zentral gestellten Originalprüfungen der letzten Jahre aus deinem Bundesland. Du kannst also die Aufgabentypen kennenlernen und üben und dich auf diese Weise ganz gezielt auf deine Abschlussprüfung vorbereiten.

Wie sind die *Originalprüfungen* aufgebaut?

Hinweise zu den Prüfungsbestimmungen: Hier findest du in Kürze alle wichtigen Informationen rund um die Prüfung.
Originalprüfungen und Lösungsvorschläge: Diese sind nach Jahrgängen sortiert. Du findest abwechselnd immer zuerst die zentral gestellten Originalprüfungen des Kultusministeriums und dann die Lösungsvorschläge, die wir für dich erarbeitet haben.

Was ist das Besondere an diesem Buch?

Die *Originalprüfungen* lassen sich dosieren: für Schnelle und für Gründliche.
Für Schnelle: Wenn du schnell einen Überblick brauchst, liest du erst die Prüfungen, notierst einige Lösungsansätze und vergleichst sie anschließend mit den Lösungsvorschlägen. Natürlich ist hier der Übungseffekt geringer.
Für Gründliche: Wenn du dich intensiver vorbereiten willst, liest du die Prüfungen und löst sie zuerst. Wenn du nicht klarkommst, schaue dir die Lösungshinweise an. Erst zum Schluss vergleichst du deine Lösung mit der im Buch. Vergiss nicht, den Schnell-Check am Ende ehrlich auszufüllen!

	OP lesen	**Lösung lesen**	**OP selber lösen**	**Lösungen vergleichen**
Information	👍	👍👍	👍👍👍	👍👍👍👍
Zeitfaktor	👍	👍👍	👍👍👍	👍👍👍👍
Lernfaktor	👍	👍	👍👍👍	👍👍👍👍
Prüfungs-erfolg	👍👍👍	👍👍👍👍👍	👍👍👍👍👍👍👍👍👍	👍👍👍👍👍👍👍👍👍👍👍👍

Klar ist, je gründlicher du dich vorbereitest, umso besser wirst du bei der Prüfung abschneiden!

Was ist besonders an den Lösungsvorschlägen?

Für dieses Buch haben erfahrene Lehrerinnen und Lehrer zu den Prüfungen extra leicht verständliche und gut gegliederte Lösungen geschrieben. In den Lösungshinweisen findest du viele **Tipps**, die dir die Herangehensweise erklären und die dir in deiner Abschlussprüfung helfen werden.

Wie orientiere ich mich in den *Originalprüfungen*?

Eine gute Orientierung ist das **Inhaltsverzeichnis**, in dem du schnell die gewünschten Jahrgänge und Teilbereiche der Prüfungen findest.
Für ein gezieltes Auffinden von Themen und Aufgabentypen kannst du die **Übersicht** auf der Vorseite benutzen.
In der **Kopfzeile** ganz oben kannst du sofort erkennen, in welchem Prüfungsjahrgang du bist. Und, ob du dich in den Prüfungen oder in den Lösungsvorschlägen befindest. Außerdem siehst du sofort, in welchem Teilbereich du bist.
Weiterhin findest du vor jeder Aufgabe eine Mini-Tabelle, der du auf einen Blick den Bearbeitungsmodus, die zugelassenen Hilfsmittel und die Bearbeitungszeit der nachfolgenden Prüfungsaufgabe entnehmen kannst. Die Angabe der Themen findest du immer über den Teilaufgaben.

Woher weiß ich, ob ich schon gut vorbereitet bin?

Die **Schnell-Checks** helfen dir bei der Selbstbewertung. Du findest sie immer am Ende der Lösungsvorschläge. Sei hier ehrlich zu dir und markiere, wie du abgeschnitten hast. Bei solltest du natürlich weiterüben. Tipps, wie du weiterüben kannst, haben wir dir gleich dazugeschrieben.

Mit welchem Buch kann ich noch üben?

Wenn du dich noch intensiver vorbereiten willst - schließlich ist das die alles entscheidende Prüfung für dich - kannst du auch mit dem *Training* deinem Wunschprüfungsergebnis näher kommen.

Viel Erfolg!

Hinweise zu den Prüfungsbestimmungen

Wie läuft die Prüfung ab?

Ziel der zentral gestellten Prüfungsarbeiten ist es, eine größere Transparenz, eine bessere landesweite Vergleichbarkeit der Leistungen und eine größere Gerechtigkeit bei der Vergabe von Schulabschlüssen zu ermöglichen. Sie finden in ganz Nordrhein-Westfalen am gleichen Tag statt. Diese schriftlichen Prüfungen werden von allen Schülerinnen und Schüler der Klasse 10 abgelegt, in Hauptschulen, Realschulen, Gymnasien und Gesamtschulen. Für die Prüfungen gibt es aber zwei unterschiedlichen Niveaus:

- Typ A: Anforderungsniveau des Hauptschulabschlusses nach der Klasse 10 für Schülerinnen und Schüler der Hauptschulklassen 10 A und der Gesamtschule Klasse 10 mit Belegung Grundkurs Mathematik
- Typ B: Anforderungsniveau des mittleren Schulabschlusses (Fachoberschulreife) für Schülerinnen und Schüler der Realschulen und Gymnasien, der Hauptschulklasse 10 B und der Gesamtschule Klasse 10 mit der Belegung Erweiterungskurs Mathematik.

Dieses Buch will dir bei der Vorbereitung zu der Prüfung vom Typ B helfen. Mit einigen Beispielaufgaben aus Typ-A-Prüfungen kannst du deine Basisfähigkeiten üben.

Wie viel Zeit hat man, wie ist die Prüfung aufgebaut und welche Hilfsmittel sind erlaubt?

Für die Aufgaben hast du insgesamt 120 Minuten Zeit. Damit ist nur die reine Bearbeitungszeit gemeint, die Zeit, die am Anfang für Organisatorisches gebraucht wird, zählt nicht mit. Die schriftlichen Prüfungsarbeiten bestehen aus zwei Teilen.
Im ersten, kürzeren Teil werden Basiskompetenzen überprüft, die in den Klassen 5 bis 10 erworben wurden. Hierfür hast du maximal 30 Minuten Zeit, die Lösungen werden direkt in die Arbeitsblätter eingetragen. Wenn du diesen Teil abgegeben hast, erhälst du die Aufgaben des zweiten Prüfungsteils, für den du dann 90 Minuten Zeit hast. Zur Bearbeitung wird von den Schulen gestempeltes Arbeitspapier zu Verfügung gestellt. Gib am Ende unbedingt alle Blätter ab!
Als Hilfsmittel sind neben Lineal, Geodreieck und Zirkel ein wissenschaftlicher Taschenrechner und eine einheitliche Formelsammlung erlaubt. Der Taschenrechner muss im Unterricht eingeführt und regelmäßig verwendet worden sein. Wahrscheinlich habt ihr über die erlaubten Taschenrechner schon im Unterricht gesprochen oder werdet das noch tun. Auch die Formelsammlung kennst du wahrscheinlich schon, du findest sie unter www.standardsicherung.schulministerium.nrw.de/zp10.

Welche Themen werden geprüft?

Die Themenfelder, aus denen die Prüfungsaufgaben entnommen sind, ergeben sich natürlich aus dem Lehrplan der Klasse 10. Wichtig sind die Themenbereiche

- Arithmetik/Algebra
- Geometrie
- Funktionen
- Stochastik

Welche Aufgabentypen gibt es?

Im ersten Prüfungsteil finden sich immer Aufgaben, in denen Größenordnungen abgeschätzt werden müssen, oft sind Ergebnismöglichkeiten vorgegeben. Hier musst du realistische Annahmen machen und dich dann für einen Wert entscheiden, die genauen Zahlen können manchmal gar nicht bestimmt werden. Außerdem werden im ersten Teil Basiskompetenzen in Algebra, Geometrie und dem Umgang mit Diagrammen abgeprüft. Der zweite Prüfungsteil besteht aus drei umfangreicheren Aufgaben, die sich an den Stil von Klassenarbeiten anlehnen. Hier werden oft verschiedenen Themengebiete kombiniert. Auch wenn du dir also recht sicher bist, was das Hauptthema einer Aufgabe ist (z. B. Geometrie), kann es durchaus sein, dass du zur Lösung auch Informationen aus anderen Themengebieten brauchst. Wichtig ist in jedem Fall, dass du deinen Rechenweg immer genau und übersichtlich notierst. Punkte gibt es nicht nur für das richtige Endergebnis, sondern auch dafür, dass du Informationen richtig dem Text entnommen hast und geeignete Verfahren gewählt hast. Wenn du den Rechenweg nicht notierst, kann die korrigierende Lehrkraft das aber nicht feststellen.

Wie werden die Punkte vergeben?

Für den ersten Prüfungsteil und jede der drei Aufgaben des zweiten Teils werden etwa gleich viele Punkte vergeben, für jede Aufgaben können maximal etwa 18–21 Punkte erreicht werden. Zusätzlich werden bis zu 3 Bewertungspunkte vergeben, wenn du die Ergebnisse immer mit den korrekten Maßeinheiten angegeben hast und bis zu 6 Punkte für die Darstellungsleistung. Darunter fällt die Genauigkeit der Zeichnungen und allgemein eine übersichtliche und formal korrekte Darstellung der Lösungen.

Auch der Notenschlüssel ist zentral vorgegeben. Wenn insgesamt 80 Punkte erreicht werden können (was nicht immer genau der Fall sein muss), so sieht er wie folgt aus:

Punkte	Note
70 - 80	1
58 - 69	2
47 - 57	3
36 - 46	4
14 - 35	5
0 - 13	6

Kann man sich auch noch mündlich prüfen lassen?

Wenn deine Note in der schriftlichen Prüfung um mindestens zwei Notenstufen von deiner Jahresnote in Klasse 10 abweicht, kannst du eine zusätzliche mündliche Prüfung beantragen. Weichen die Noten um 3 Notenstufen ab, so muss eine mündliche Prüfung stattfinden. Aus den Noten der mündlichen und der schriftlichen Prüfung wird dann im Verhältnis 3 : 2 die Gesamt-Prüfungsnote gebildet.

Wie viel zählt die Prüfung für die Endnote?

Die Zeugnisnote für den jeweiligen Abschluss basiert zu 50 % auf dem Ergebnis der Prüfung (schriftlich und mündlich oder nur schriftlich), die anderen 50 % entfallen auf die Jahresnote, also auf Mitarbeit, Klassenarbeiten und sonstige Leistungen in der Jahrgangsstufe 10.

Wie geht man am besten an die Aufgaben heran?

Bei der Bearbeitung ist es zunächst einmal wichtig, dass du die Aufgabenstellung genau durchliest, evtl. auch mehrfach. Dann überlege kurz, welche Informationen gegeben sind, was du für die Lösung brauchst und welche Formeln weiterhelfen. Schreibe Formeln zunächst einmal in der Form auf, die in der Formelsammlung gegeben ist, dann weiß deine Lehrerin oder dein Lehrer schon einmal, dass du verstanden hast, worum es geht. Forme sie dann so um, dass du die gesuchten Größen berechnen kannst und setzte die Zahlenwerte auch auf dem Papier ein – nicht nur in den Taschenrechner, das ist in der Regel zu unübersichtlich.

Formelsammlung

Diese Formelsammlung darfst du in der Prüfung benutzen.

Ebene Figuren (A: Flächeninhalt, u: Umfang)

Quadrat

$A = a^2$

$u = 4 \cdot a$

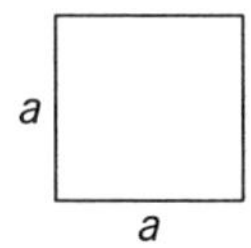

Rechteck

$A = a \cdot b$

$u = 2 \cdot a + 2 \cdot b$

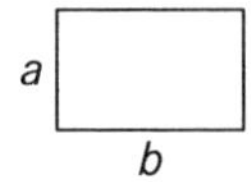

Dreieck

$A = \frac{g \cdot h}{2}$

$u = a + b + c$

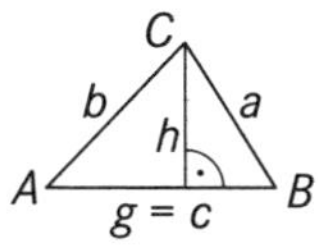

Satz des Pythagoras

Im rechtwinkligen Dreieck gilt:

$a^2 + b^2 = c^2$

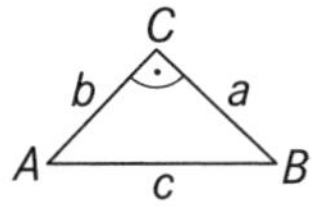

Höhen- und Kathetensatz

Im rechtwinkligen Dreieck gilt:

$h^2 = p \cdot q$

$a^2 = c \cdot p$

$b^2 = c \cdot q$

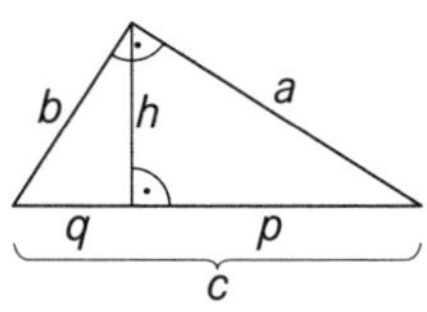

Parallelogramm

$A = g \cdot h$

$u = 2a + 2b$

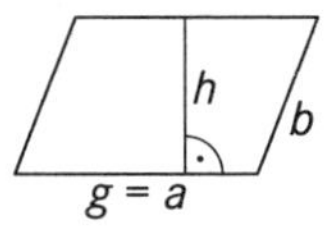

Trapez

$A = \frac{a + c}{2} \cdot h$

$u = a + b + c + d$

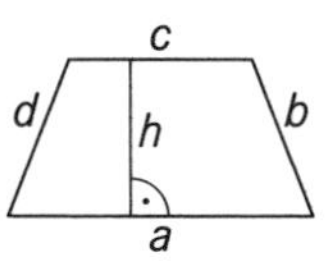

Kreis

$d = 2 \cdot r$

$A = \pi \cdot r^2 = \pi \cdot \frac{d^2}{4}$

$u = 2\pi \cdot r = \pi \cdot d$

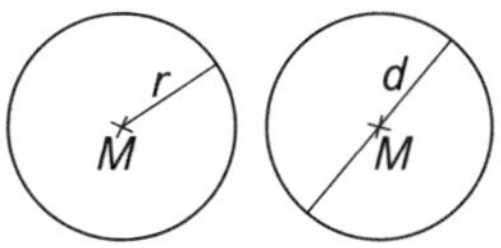

Kreissektor und Kreisbogen

$A = \frac{\pi \cdot r^2 \cdot \alpha}{360°}$

$b = \frac{\pi \cdot r \cdot \alpha}{180}$

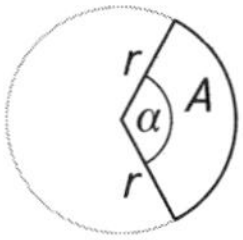

Kreisring

$A_{KR} = \pi \cdot r_a^2 - \pi \cdot r_i^2$

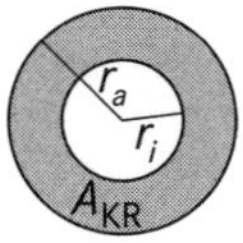

Zentrische Streckung und Ähnlichkeitsbeziehungen

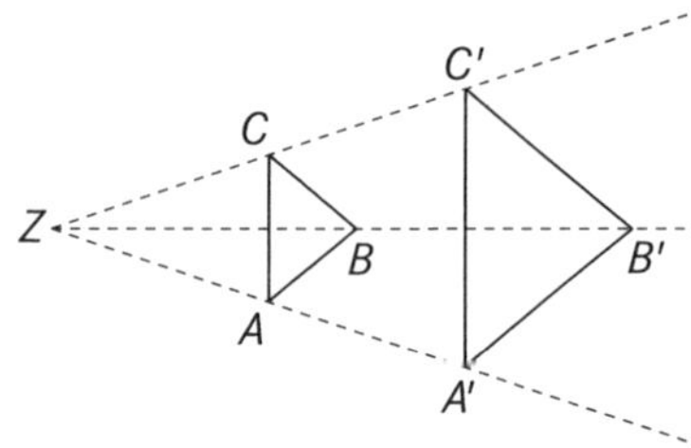

Wird das Original $\triangle ABC$ bei einer zentrischen Streckung mit dem Streckungszentrum Z und dem Streckungsfaktor k ($k \neq 0$) auf das Bild $\triangle A'B'C'$ abgebildet, dann sind beide Dreiecke zueinander ähnlich. Das bedeutet:

→ die Winkelgrößen bleiben erhalten.

Beispiel: $\frac{\overline{AB}}{\overline{AC}} = \frac{\overline{A'B'}}{\overline{A'C'}}$ usw. außerdem gilt: $\frac{\overline{ZA}}{\overline{ZA'}} = \frac{\overline{AB}}{\overline{A'B'}} = \frac{1}{k}$ usw. $k \neq 0$

Körper (V: Volumen, O: Oberfläche, G: Grundfläche; M: Mantelfläche)

Würfel

$V = a^3$

$O = 6 \cdot a^2$

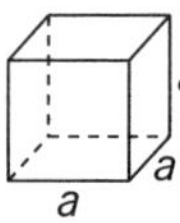

Quader

$V = a \cdot b \cdot c$

$O = 2 \cdot a \cdot b + 2 \cdot a \cdot c + 2 \cdot b \cdot c$

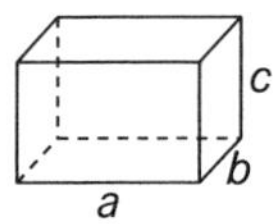

Prisma

$V = G \cdot h$

$O = 2 \cdot G + M$

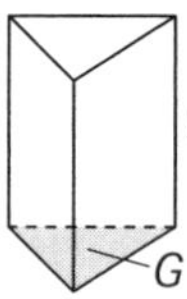

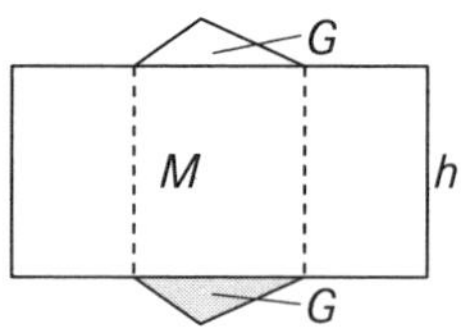

Zylinder

$V = \pi \cdot r^2 \cdot h$

$O = 2\pi \cdot r^2 + 2 \cdot \pi \cdot r \cdot h$

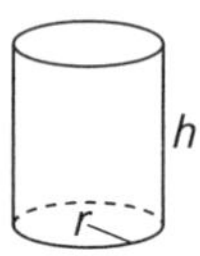

Quadratische Pyramide

$V = \frac{a^2 \cdot h}{3}$

$O = a^2 + 2 \cdot a \cdot h_s$

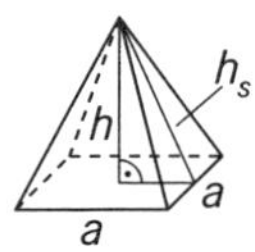

Kegel

$V = \frac{\pi \cdot r^2 \cdot h}{3}$

$O = \pi \cdot r^2 + \pi \cdot r \cdot s$

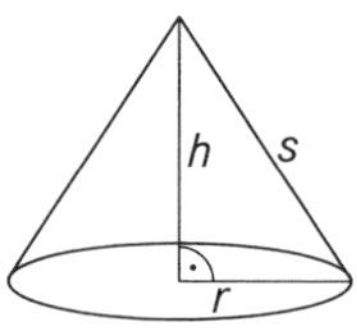

Kugel

$V = \frac{4 \cdot \pi \cdot r^3}{3}$

$O = 4 \cdot \pi \cdot r^2$

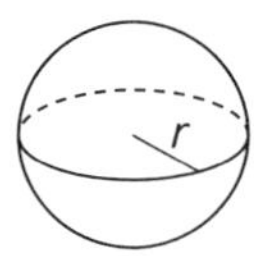

Maßeinheiten

Länge

1 km = 1000 m

1 m = 10 dm

1 dm = 10 cm

1 cm = 10 mm

Fläche

$1\,m^2 = 100\,dm^2$

$1\,dm^2 = 100\,cm^2$

$1\,cm^2 = 1000\,mm^2$

$1\,a = 100\,m^2$ $\quad 1\,ha = 10\,000\,m^2$

Volumen

$1\,m^3 = 1000\,dm^3$

$1\,dm^3 = 1000\,cm^3$

$1\,cm^3 = 1000\,mm^3$

Masse

1 t = 1000 kg

1 kg = 1000 g

1 g = 1000 mg

Liter (l)

$1\,l = 1\,dm^3$

$1\,ml = 1\,cm^3$

Prozentrechnung

G: Grundwert, W: Prozentwert, $p\,\%$: Prozentsatz $\qquad W = \frac{G \cdot p}{100}$

Zinseszinsen (exponentielles Wachstum)

K_0: Kapital am Anfang
K_n: Kapital nach n Jahren
n: Zeit in Jahren
$p\,\%$: Zinssatz in Prozent

Zinsfaktor: $q = \frac{100 + p}{100}$ $\qquad K_n = K_0 \cdot q^n$

Binomische Formeln

$(a + b)^2 = a^2 + 2 \cdot a \cdot b + b^2$ $\quad (a - b)^2 = a^2 - 2 \cdot a \cdot b + b^2$ $\quad (a + b) \cdot (a - b) = a^2 - b^2$

Potenzgesetze

Für $m, n \in \mathbb{R}$ bei Basen aus $\mathbb{R}^+$ bzw. für $m, n \in \mathbb{Z}$ bei Basen aus $\mathbb{R}\setminus\{0\}$

$a^m \cdot a^n = a^{m+n}$ $\quad a^n \cdot b^n = (a \cdot b)^n$ $\quad (a^m)^n = a^{m \cdot n}$ $\quad a^0 = 1$

$a^m : a^n = a^{m-n}$ $\quad a^n : b^n = (a : b)^n$ $\quad a^{-n} = \frac{1}{a^n}$

Wurzelgesetze (für *a*, *b* ≥ 0)

$\sqrt[n]{a} \cdot \sqrt[n]{b} = \sqrt[n]{a \cdot b}$ $\frac{\sqrt[n]{a}}{\sqrt[n]{b}} = \sqrt[n]{\frac{a}{b}}$ $(b > 0)$ $\sqrt[n]{\sqrt[m]{a}} = \sqrt[m]{\sqrt[n]{a}} = \sqrt[m \cdot n]{a}$ $(\sqrt[n]{a})^m = \sqrt[n]{a^m}$

Lineare Funktionen

$y = m \cdot x + b$

m: Steigung der Geraden g durch die Punkte $P_1(x_1 | y_1)$ und $P_2(x_2 | y_2)$

$m = \frac{y_2 - y_1}{x_2 - x_1}$ $x_1 \neq x_2$

b: y-Achsenabschnitt

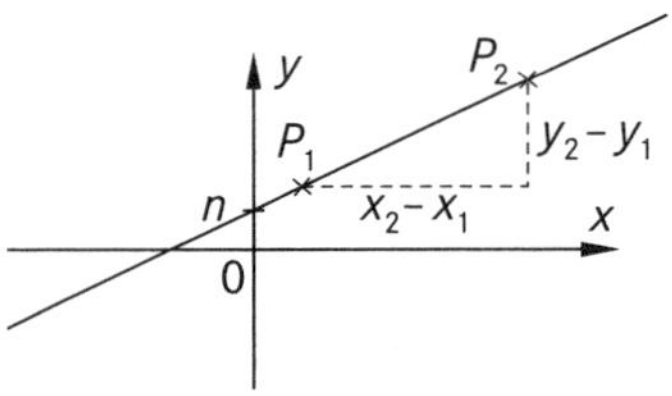

Quadratische Funktionen

Allgemeine Form: $y = ax^2 + bx + c$ $(a \neq 0)$

Scheitelpunktform: $y = d \cdot (x - e)^2 + f \rightarrow S(e | f)$

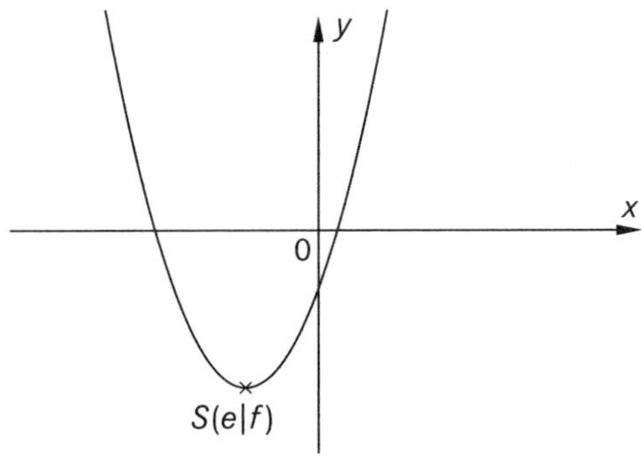

Quadratische Gleichungen

Normalform:

$x^2 + px + q = 0$

Lösung:

$x_{1,2} = -\frac{p}{2} \pm \sqrt{\left(\frac{p}{2}\right)^2 - q}$; wenn $\left(\frac{p}{2}\right)^2 - q \geq 0$,

sonst keine Lösung

Trigonometrie (im rechtwinkligen Dreieck)

Im rechtwinkligen Dreieck gilt:

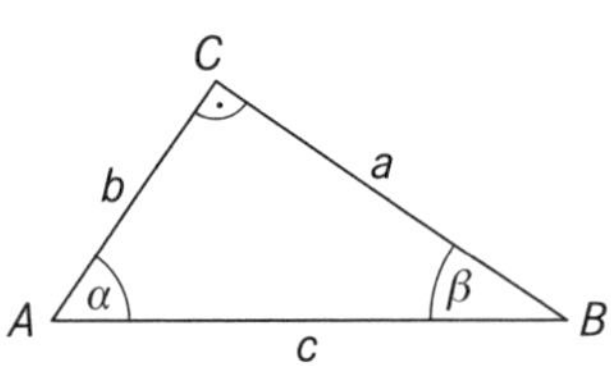

$\sin \alpha = \frac{a}{c} = \frac{\text{Gegenkathete von } \alpha}{\text{Hypotenuse}}$

$\cos \alpha = \frac{b}{c} = \frac{\text{Ankathete von } \alpha}{\text{Hypotenuse}}$

$\tan \alpha = \frac{a}{b} = \frac{\text{Gegenkathete von } \alpha}{\text{Ankathete}}$

Beschreibende Statistik, Stochastik

Arithmetisches Mittel (Mittelwert $\overline{x}$) der Datenreihe $x_1, \ldots, x_n$:

$$\overline{x} = \frac{x_1 + x_2 + \ldots + x_n}{n}$$

Median (Zentralwert)
In einer der Größe nach geordneten Datenreihe mit einer ungeraden Anzahl von Daten steht der Median in der Mitte. Bei einer geraden Anzahl von Daten ist der Median nicht eindeutig bestimmt (man nimmt dann z. B. das arithmetische Mittel der in der Mitte stehenden Werte oder einen dieser Werte).

Laplace-Versuch
Zufallsversuch, bei dem alle Ergebnisse gleich wahrscheinlich sind (z. B. Münzwurf). Die Wahrscheinlichkeit P für das Eintreten eines Ereignisses E berechnet man wie folgt:

$$P(E) = \frac{\text{Anzahl der günstigen Ereignisse}}{\text{Anzahl der möglichen Ereignisse}}$$

Mehrstufige Zufallsversuche lassen sich in einem Baumdiagramm darstellen. Dabei kann ein Ergebnis als Pfad veranschaulicht werden. Die Wahrscheinlichkeiten lassen sich mithilfe von Produkt- und Summenregel berechnen.

1. Pfadregel (Produktregel)
Die Wahrscheinlichkeit eines Pfades ergibt sich aus dem Produkt der Wahrscheinlichkeiten entlang des Pfades.
$P(E) = p_1 \cdot p_2$

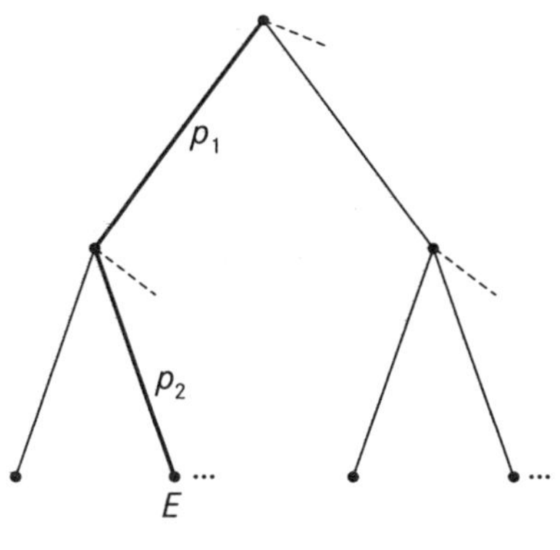

2. Pfadregel (Summenregel)
Die Wahrscheinlichkeit eines zusammengesetzten Ereignisses ist gleich der Summe der Einzelwahrscheinlichkeiten.
$P(E) = P(E_1) + P(E_2) = p_1 \cdot p_2 + q_1 \cdot q_2$

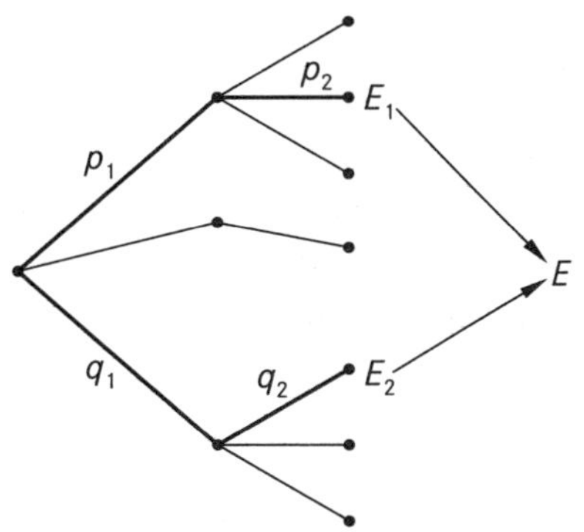

Bearbeitungs-modus	Alle Aufgaben sind zu bearbeiten
Hilfsmittel	Im Unterricht eingeführter wissenschaftlicher Taschenrechner, Formelsammlung
Bearbeitungszeit	Insgesamt 120 Minuten, davon maximal 30 Minuten für den Prüfungsteil 1, die weiteren Aufgaben werden erst nach Abgabe des Teils 1 ausgehändigt

Prüfungsteil 1: Aufgabe 1

Thema	**Algebra, Einheiten, Daten und Diagramme**

a. Schätze den Flächeninhalt der grauen Fläche ab. Beschreibe – ggf. mithilfe der nebenstehenden Abbildung – wie du vorgegangen bist. 3 P

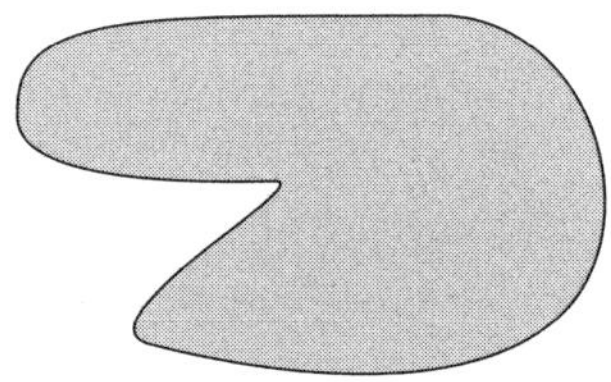

b. Peters Drucker kann 8 Seiten pro Minute drucken. Für den Druck einer Bedienungsanleitung benötigt er 6 Minuten. Karins Drucker kann 12 Seiten pro Minute drucken. Wie lange würde der Druck der Bedienungsanleitung auf ihrem Drucker dauern? Notiere deine Rechnung. 3 P

c. Wie groß ist die Fläche eines Fußballfeldes ungefähr? Kreuze an. 3 P

■ $5\,m^2$ ■ $50\,m^2$ ■ $500\,m^2$ ■ $5\,000\,m^2$ ■ $50\,000\,m^2$

d. Ein menschliches Haar wächst 0,3 mm pro Tag. In einem Märchen wird ein Mädchen in 10 m Höhe in einen Turm gesperrt. Ein Prinz klettert an ihrem Haar hoch. Wie alt müsste das Mädchen mindestens sein, damit ihr Haar 10 m lang sein kann? Notiere deine Rechnung. 3 P

e. Die Grafik zeigt die Anzahl der im jeweiligen Jahr geförderten Solaranlagen auf Gebäuden und Hotels in Österreich.

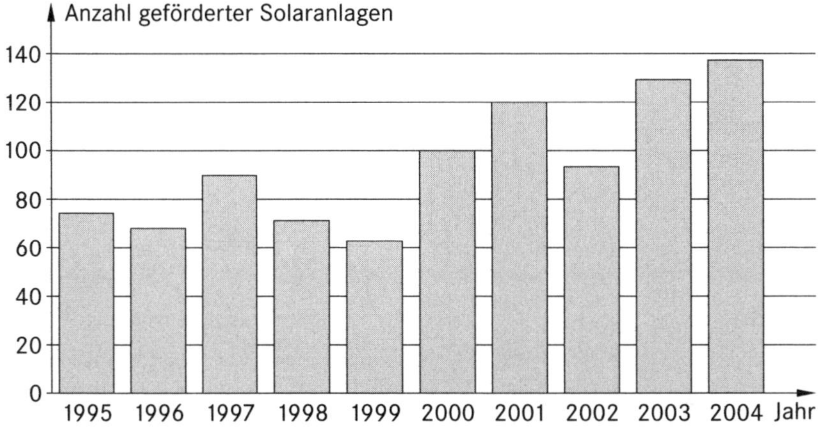

e 1. In welchem Jahr wurden die wenigsten Anlagen gefördert? 2 P

e 2. In welchem dieser Jahre gab es gegenüber dem Vorjahr den größten absoluten Rückgang geförderter Anlagen? 2 P

f. Bestimme den Flächeninhalt der grauen Fläche. Notiere deine Rechnung. 3 P

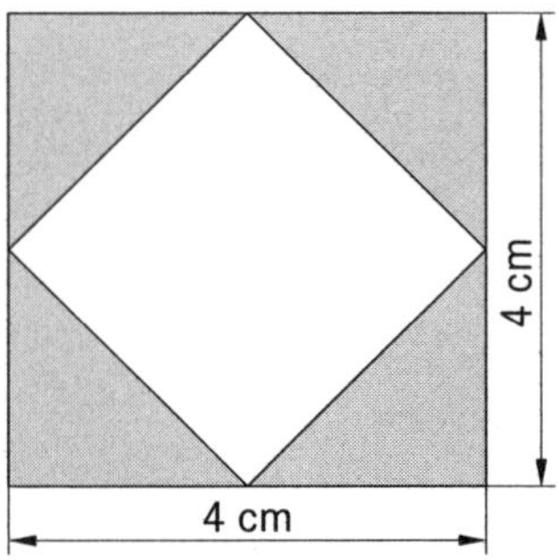

LÖSUNGSVORSCHLAG

Lösungshinweise

Aufgabe a.

Den Flächeninhalt einer beliebigen Figur kannst du abschätzen, indem du in die Fläche möglichst viele kleine Quadrate (mit bekannter Größe) einzeichnest, die du dann auszählst. Die dann noch verbleibenden Flächen am Rand können recht leicht abgeschätzt werden.

Aufgabe b.

Berechne zunächst, wie viele Seiten die Bedienungsanleitung umfasst.

Aufgabe c.

Überlege dir, wie lang die Seiten eines Fußballfeldes in etwa sind. Wo liegt der Elfmeterpunkt? Wie breit ist ein Tor? Berechne daraus die Fläche des Feldes und vergleiche dein Ergebnis mit den Vorgaben. Berücksichtige, dass nur eine grobe Abschätzung und kein exakter Wert ermittelt werden soll.

Aufgabe d.

Rechne die erforderliche Haarlänge in Millimeter um, um die im Text gegebene Information zur Wachstumsgeschwindigkeit nutzen zu können. Das Ergebnis ermittelst du dann zunächst in Tagen, die du in Jahre umrechnest.

Aufgabe e.

Überlege dir, wie die Informationen im Diagramm dargestellt sind und was du ermitteln musst, um die Frage zu beantworten. Ist der größte oder kleinste Balken gefragt? Wie liest man Veränderungen aus einem Balkendiagramm ab?

Aufgabe f.

Hier gibt es mehrere Lösungsmöglichkeiten. Du kannst zum Beispiel erst das große Quadrat berechnen und mit dem Satz des Pythagoras dann die Seitenlängen des kleinen (weißen) Quadrats. Der Flächeninhalt der grauen Fläche ergibt sich dann als Differenz der beiden Quadrate.

Ausführliche Lösung

Aufgabe a.

In die Fläche werden kleine Quadrate eingezeichnet, die die Fläche annähern: Die Quadrate werden gezählt, die verbleibenden Flächen abgeschätzt. Das Ergebnis beträgt etwa 6–7 cm^2.

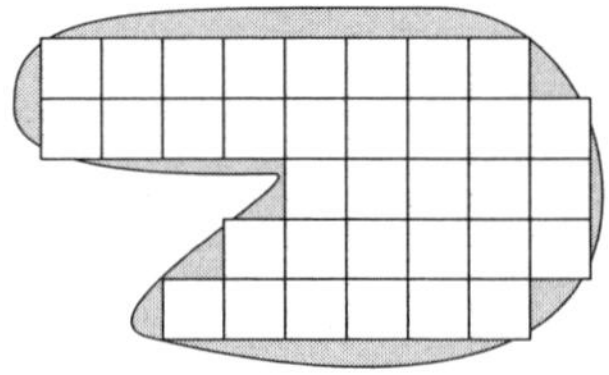

Aufgabe b.

Bestimme die Seitenzahl der Bedienungsanleitung: 6 Minuten lang werden 8 Seiten pro Minute ausgedruckt: $6 \cdot 8 = 48$. Druckdauer bei 12 Seiten pro Minute: $48 : 12 = 4$.
Der Druck auf Karins Drucker würde 4 Minuten dauern.

Aufgabe c.

5000 m^2, eine Breite von 50 m und eine Länge von 100 m sind realistische Größenordnungen. (Die FIFA-Norm beträgt $105\,m \cdot 68\,m = 7140\,m^2$.)

Aufgabe d.

Die notwendige Haarlänge beträgt $10\,m = 10\,000\,mm$.
Bei einem Wachstum von 0,3 mm pro Tag beträgt die benötigte Wachstumszeit:
$10\,000\,mm : \frac{0{,}3\,mm}{Tag} = 33\,333{,}333$ Tage.
Umrechnung in Jahre: $33\,333{,}333$ Tage $: \frac{365\ Tage}{Jahr} = 91{,}32$ Jahre
Das Mädchen müsste also bereits ca. 91 Jahre alt sein.

Aufgabe e.

e1. Die wenigsten Anlagen (entspricht dem niedrigsten Balken) wurden 1999 gefördert, es waren ca. 62 Anlagen.

e2. Der Rückgang der Förderung von einem Jahr zum nächsten entspricht der Differenz zwischen zwei aufeinander folgenden Balken. Der größte Rückgang ergab sich von 2001 auf 2002: Es wurden 25 Anlagen weniger gefördert.

Aufgabe f.

Der Flächeninhalt des großen Quadrats beträgt: $A_g = 4\,\text{cm} \cdot 4\,\text{cm} = 16\,\text{cm}^2$.
Die Seitenlänge des kleinen (weißen) Quadrats entspricht der langen Seite (Hypotenuse) der vier grauen Dreiecke. Deren kurze Seiten sind 2 cm lang (Hälfte der Seitenlänge).
Die lange Dreiecksseite a lässt sich mit dem Satz des Pythagoras berechnen:
$a^2 = 2^2\,\text{cm}^2 + 2^2\,\text{cm}^2 = 8\,\text{cm}^2$
Das weiße Quadrat hat den Flächeninhalt $A_K = a^2 = 8\,\text{cm}^2$
Der Flächeninhalt der grauen Flächen berechnet sich aus der Differenz der beiden Quadrate: $A_{\text{grau}} = A_g - A_k = 16\,\text{cm}^2 - 8\,\text{cm}^2 = 8\,\text{cm}^2$

Schnell-Check Prüfungsteil 1 2007

Aufgabe	Thema	☺	☹	Tipps zum Üben
a.	Geometrie, Flächenabschätzungen			Zeichne einen Kreis und schätze seinen Flächeninhalt durch das Annähern mit kleinen Quadraten ab. Berechne den Flächeninhalt mit der Formel $A = \pi r^2$ und überprüfe, wie genau diese Annäherungsmethode ist.
b.	Algebra, Dreisatz			Mache dir bei solchen Aufgaben immer klar, welche Größe in einem Zwischenschritt berechnet werden muss, um zur gefragten Lösung zu kommen. Übe das ggf. an weiteren Aufgaben (Dreisatz).
c.	Flächenberechnungen, Einordnung von Größenordnungen			Überlege dir rechteckige Flächen, die im Alltag vorkommen (z. B. Briefmarke, Tischplatte, Rasenfläche im Park) und bestimme (oder schätze) ihren Flächeninhalt, um ein Gefühl für die Größenordnungen zu bekommen.
d.	Algebra, Einheitenumrechnung			Schau dir noch einmal die verschiedenen Einheiten für Strecken, Zeiten und Gewichte an. Bei welchen muss für die Umrechnung nur die Zehnerpotenz geändert werden? Wann ist die Umrechnung komplizierter?
e.	Diagramme, Verknüpfung mit Angaben im Text			Suche in Zeitungen oder dem Internet nach Diagrammen, die Statistiken verdeutlichen. Überlege genau, welche Informationen hier wie dargestellt werden.
f.	Geometrie, Flächenberechnungen und Satz des Pythagoras			Der Satz des Pythagoras ist für Geometrieaufgaben sehr wichtig. Schau ihn dir noch einmal genau an und überlege, wann du ihn einsetzen kannst. Was muss gegeben sein, welche Strecken kannst du damit berechnen?

Prüfungsteil 2: Aufgabe 2

Thema	Geometrie und Prozentrechnung

Pralinenverpackungen dürfen nicht zu viel Inhalt vortäuschen (so genannte Mogelpackungen). Gesetzlich ist festgelegt (Eichgesetz):
Eine Pralinenverpackung darf für jedes Gramm Inhalt höchstens 6 cm³ Volumen haben.

a. Welches Volumen darf eine Packung mit 100 g Pralinen höchstens haben? Notiere deine Rechnung. 2 P

b. Eine Verpackung für Pralinen hat das Volumen von 900 cm³.

b1. Wie viel Gramm Pralinen muss diese Verpackung mindestens enthalten, damit die Vorgabe des Gesetzes erfüllt wird? Notiere deine Rechnung. 2 P

b2. Die Pralinenverpackung soll quaderförmig sein. Welche Kantenlängen könnte ein solcher Quader haben? Gib eine Möglichkeit an. 2 P

c. Zu Weihnachten wurden Pralinen in einer pyramidenförmigen Verpackung mit einem Volumen von 900 cm³ verpackt.

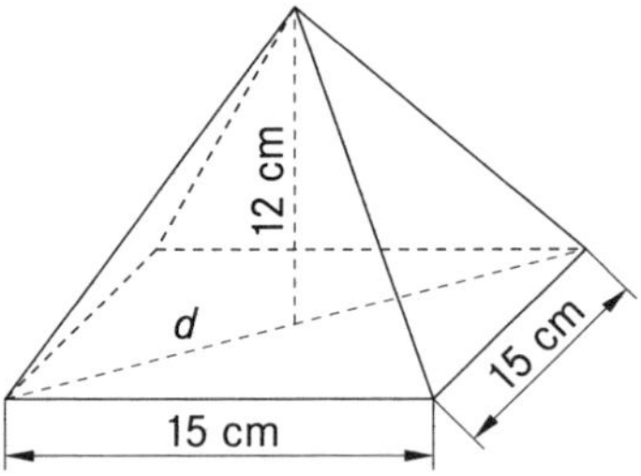

c1. Weise nach, dass die nebenstehend dargestellte quadratische Pyramide ein Volumen von 900 cm³ hat. Notiere deine Rechnung. 2 P

c2. Wie hoch ist eine quadratische Pyramide mit gleichem Volumen, wenn die Grundfläche eine Seitenlänge von 17 cm hat? Notiere deine Rechnung. 3 P

c3. Berechne die Länge der Flächendiagonalen *d* der Pyramide. Notiere deine Rechnung. 3 P

d. Eine Firma musste eine Strafe zahlen, weil sie beim Verpacken von 195 g Pralinen gegen das Eichgesetz verstoßen hat. Bei einer Kontrolle wurde das Verhältnis 8,4 cm³ pro 1 g (statt höchstens 6 cm³ pro 1 g) festgestellt. Um wie viel Prozent war das Volumen der Verpackung zu groß? Notiere deine Rechnung. 3 P

Prüfungsteil 2: Aufgabe 3

Thema	Funktionen

Beim Golfspiel kann die Flugbahn des Golfballs annähernd durch eine Parabel beschrieben werden. Das Bild zeigt eine solche Parabel.

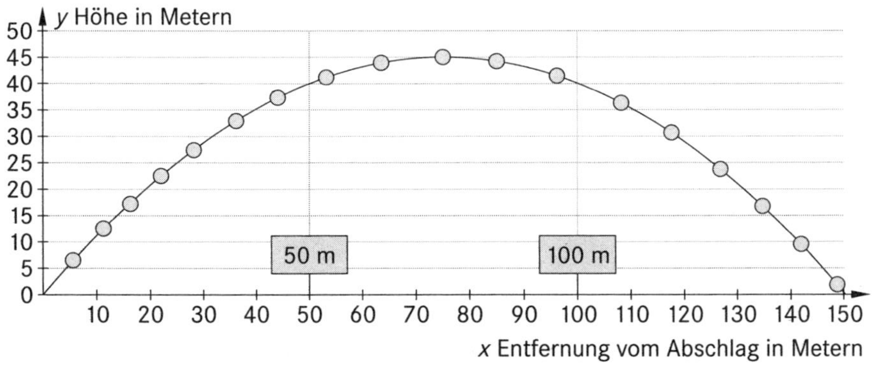

a. Welche Höhe erreicht der Golfball maximal? 1 P

b. Wie weit fliegt der Golfball? 1 P

c. Eine der folgenden Funktionsgleichungen gehört zu der oben dargestellten Parabel. 2 P

c1. Notiere den zugehörigen Lösungsbuchstaben in deinen Unterlagen.

[A] $y = -0{,}008 \cdot x^2 + 1{,}2 \cdot x$

[B] $y = -0{,}05 \cdot x$

[C] $y = 0{,}18 \cdot x^2$

c2. Begründe, warum die beiden anderen Funktionsgleichungen nicht zu der oben dargestellten Parabel gehören.

d. Eine andere Flugbahn kann durch die Gleichung $y = (0{,}5 - 0{,}004 \cdot x) \cdot x$ beschrieben werden.

d1. In welcher Höhe befindet sich der Golfball über der 50-m-Markierung? Notiere deine Rechnung. 2 P

d2. Wie weit fliegt der Golfball? Notiere deine Rechnung. 4 P

e. Ein Ball, dessen Flugbahn ebenfalls durch eine Parabel beschrieben werden kann, erreicht seine maximale Höhe über der 50-m-Markierung. In welcher Entfernung vom Abschlag landet er? Begründe deine Antwort. 4 P

Prüfungsteil 2: Aufgabe 4

Thema	Prozent- und Zinsrechnung, Daten und Diagramme

a. In einem Autohaus steht ein Auto zum Preis von 14 500 €. Bezahlt man bar, kostet es nur 13 100 €.

a 1. Wie viel Euro kann man durch Barzahlung sparen? 1 P

a 2. Wie viel Prozent des ursprünglichen Preises kostet das Auto, wenn man es bar bezahlt? Notiere deine Rechnung. 2 P

a 3. Herr Olsen hat vor fünf Jahren bei einer Bank 10 000 € zu einem jährlichen Zinssatz von 2,75 % angelegt. Die Zinsen wurden jeweils am Ende eines Jahres gutgeschrieben und mitverzinst. Wie viel Euro muss Herr Olsen zusätzlich zu dem Bankguthaben aufwenden, um das Auto bar zu zahlen? Notiere deine Rechnung. 6 P

a 4. Das Autohaus bietet auch eine Ratenzahlung an: Nach 36 monatlichen Raten von 225,16 € und einer Abschlussrate von 6525,00 € ist das Auto bezahlt. Herr Olsen interessiert sich für dieses Angebot. 2 P
Wie viel Euro müsste Herr Olsen bei Inanspruchnahme dieses Angebots insgesamt bezahlen? Notiere deine Rechnung.

b. 34 % aller Autokäufer nutzen eine Ratenzahlung. Die Hälfte dieser Autokäufer ist jünger als 25 Jahre. Von den Autokäufern, die keine Ratenzahlung nutzen, ist ein Drittel jünger als 25.

b 1. Stelle den Sachverhalt in einem Baumdiagramm dar. 4 P

b 2. Welcher Anteil aller Autokäufer ist jünger als 25 Jahre? 2 P

LÖSUNGSVORSCHLAG

Lösungshinweise

Aufgabe 2 a.

Um das Verpackungsvolumen zu berechnen, musst du das Volumen, das in cm^3 pro g angegeben ist, mit dem gewünschten Inhalt multiplizieren. Das Eichamt hat dir $6\,cm^3$ pro g für Pralinen vorgegeben.

Aufgabe 2 b.

b1. Überlege dir, was die Vorgaben des Eichamts bedeuten und wie sie auf größere Volumina umgerechnet werden können.

b2. Überlege, wie groß die einzelnen Kantenlängen sein müssen, damit das Produkt dieser Kantenlängen das Volumen ergibt. Du kannst mehrere Lösungen finden, die richtig sind. Suche eine sinnvolle Lösung für eine reale Pralinenpackung im Supermarkt aus.

Aufgabe 2 c.

c1. Um nachzuweisen, dass das Volumen der dargestellten Pyramide $900\,cm^3$ beträgt, musst du überlegen, wie du die angegebenen Maße in die Formel zur Berechnung der Pyramide einsetzt. Denke daran, dass die Grundfläche quadratisch ist.

c2. Um die Höhe (h) der Pyramide zu berechnen, musst du überlegen, wie die Formel zur Berechnung der Pyramide umgestellt wird, danach kannst du die Werte für a und V einsetzen.

c3. Die Flächendiagonale kannst du berechnen, indem du den Satz des Pythagoras anwendest. Es handelt sich bei der Flächendiagonalen um die Hypotenuse eines rechtwinkligen Dreiecks.

Aufgabe 2 d.

Es wird der Prozentsatz des Volumens der Verpackung gesucht, um den die Firma die Vorgaben des Eichgesetzes überschritten hat.

Aufgabe 3 a.
Du kannst die maximale Höhe der Flugbahn des Golfballes sofort vom Graphen ablesen.

Aufgabe 3 b.
Die Flugweite des Golfballes kannst du ebenfalls am Graphen ablesen: Der Flug des Balles endet dort, wo der Graph die *x*-Achse schneidet.

Aufgabe 3 c.

c1. Überlege dir, welche Form der Graph hat und wie die zu dieser Form gehörende Funktionsgleichung aussieht. Was muss die höchste Potenz von *x* sein?

c2. Welche Form haben die Graphen der drei Gleichungen? Berücksichtige bei den Parabeln auch, in welche Richtung sie geöffnet sind.

Aufgabe 3 d.

d1. Überlege dir, was der *x*- und was der *y*-Wert der Funktionsgleichung für die Flugbahn bedeuten. Welcher Wert ist mit der Angabe „50-m-Markierung" gegeben, welcher ist gesucht?

d2. Der Flug des Golfballes ist annähernd eine Parabel. Der Graph der Parabel hat zwei Stellen, an denen er die *x*-Achse schneidet, die Nullstellen der Parabel. Was bedeuten diese Stellen für die Aufgabe?

Aufgabe 3 e.
Überlege dir, welche Symmetrien bei einer Parabel vorliegen und wie du sie für diese Aufgabe nutzen kannst. Die Skizze verdeutlicht das Vorgehen:

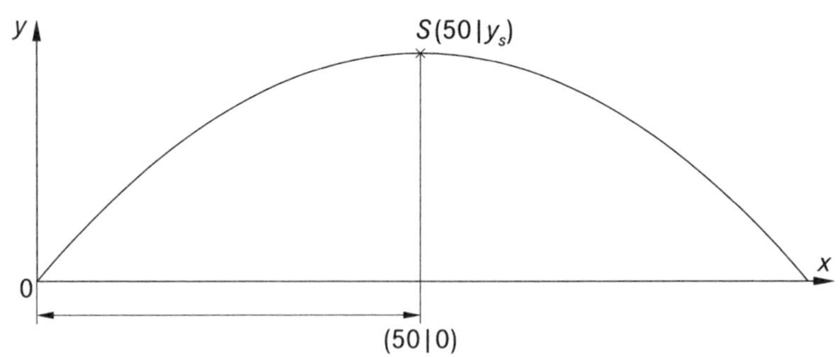

Aufgabe 4 a.

a 1. Bilde die Differenz.

a 2. Benutze die Grundgleichung der Prozentrechnung, überlege, was Grundwert und was Prozentwert ist.

a 3. Berechne mit der Zinseszinsformel, über wie viel Geld Herr Olsen jetzt verfügt, berechne dann die fehlende Summe.

a 4. Berechne die Summe der 36 Raten und der Abschlussrate. Du kannst diese Kosten sowohl mit dem Barpreis des Autos und auch mit dem im Autohaus ausgezeichneten Preis vergleichen und überlegen, welche Zahlungsweise für Herrn Olsen am günstigsten ist.

Aufgabe 4 b.

b 1. Zeichne ein zweistufiges Baumdiagramm und trage die angegebenen Werte ein. Überlege jedesmal, auf welchen Grundwert sich ein angegebener Prozentsatz bezieht.

b 2. Es gibt sowohl unter den Autokäufern, die Ratenzahlung nutzen, als auch unter denen, die nicht in Raten bezahlen, Personen unter 25 Jahren. Berechne für beide Fälle den Prozentsatz und addiere.

Ausführliche Lösung

Aufgabe 2 a.

Die Berechnung des Verpackungsvolumens ergibt mit den angegebenen Maßen
$V = 100\,\text{g} \cdot \frac{6\,\text{cm}^3}{\text{g}} = 600\,\text{cm}^3$.
Das Volumen für eine Packung darf höchstens $600\,\text{cm}^3$ betragen.

Aufgabe 2 b.

b 1. Der Mindestinhalt ergibt sich, wenn du das Volumen der Pralinenpackung durch die Angabe der Eichvorgabe dividierst: $M = \frac{900\,\text{cm}^3}{6\,\frac{\text{cm}^3}{\text{g}}} = 150\,\text{g}$

Das Gewicht der Pralinen muss mindestens 150 g betragen.

b2. Du musst die Kantenlängen eines Quaders berechnen, dessen Volumen $900\,\text{cm}^3$ betragen soll, d. h. das Produkt der drei Zahlen muss 900 ergeben.
Hier sind verschiedene Lösungen möglich und werden akzeptiert, z. B.
$9\,\text{cm} \cdot 10\,\text{cm} \cdot 10\,\text{cm} = 900\,\text{cm}^3$ oder $15\,\text{cm} \cdot 15\,\text{cm} \cdot 4\,\text{cm} = 900\,\text{cm}^3$
Überlege, welche Lösung für einen Supermarkt sinnvoll ist.

Aufgabe 2 c.

c 1. Das Volumen einer Pyramide berechnest du mithilfe der Formel $V = \frac{1}{3} \cdot G \cdot h$.
Da G hier eine quadratische Fläche ist, ergibt sich für die Formel
$V = \frac{1}{3} \cdot a^2 \cdot h = \frac{1}{3} \cdot (15\,\text{cm})^2 \cdot 12\,\text{cm} = 900\,\text{cm}^3$
Die quadratische Pyramide hat ein Volumen von $900\,\text{cm}^3$.

c2. Die Grundfläche ändert sich, ihre Seitenlänge beträgt nun 17 cm. Da die neue Höhe der Pyramide bestimmt werden soll und das Volumen gleich bleibt, musst du die bekannte Formel umstellen:

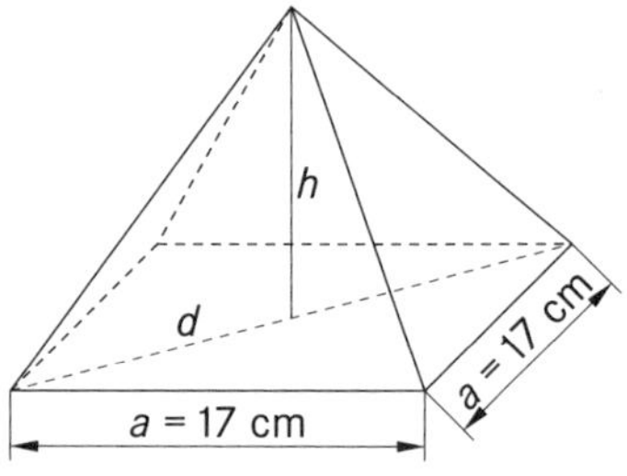

$V = \frac{1}{3} \cdot a^2 \cdot h \Rightarrow h = \frac{3 \cdot V}{a^2}$

$h = \frac{3 \cdot 900\,\text{cm}^3}{(17\,\text{cm})^2} = \frac{2700\,\text{cm}^3}{289\,\text{cm}^2} \approx 9{,}34\,\text{cm}$

c3. Die Flächendiagonale kannst du mithilfe des Satzes von Pythagoras bestimmen (siehe Skizze):

$d^2 = (15\,\text{cm})^2 + (15\,\text{cm})^2 = 450\,\text{cm}^2$

$d = 21{,}2\,\text{cm}$

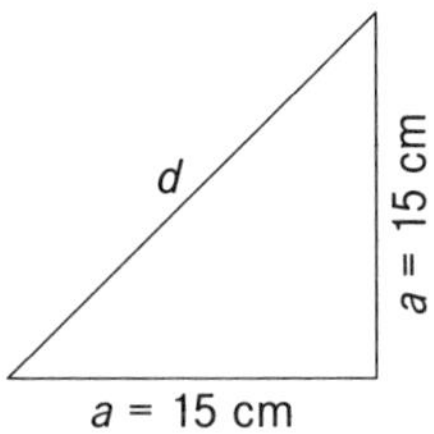

Aufgabe 2 d.

Gesucht ist ein Prozentsatz. Mit der Vorgabe des Eichgesetzes ist der Grundwert gegeben ($6\,\text{cm}^3$ pro 1 g), der Prozentwert beträgt $8{,}4\,\text{cm}^3$ pro 1 g.
Es gilt die Formel aus der Prozentrechnung:

$$\text{Prozentsatz} = \frac{\text{Prozentwert} \cdot 100}{\text{Grundwert}}; \quad p = \frac{W \cdot 100}{G}$$

Hier gilt also: $p = \frac{8{,}4 \cdot 100}{6} = 140$

Damit war das Volumen der Verpackung um 40 % höher als es das Eichgesetz zulässt.

Aufgabe 3 a.

Durch genaues Ablesen ermittelst du die maximale Flughöhe des Golfballes mit 45 m. Wenn du dem Graphen der Parabel entlang der x-Achse folgst, steigt die Parabel zunächst an. Ab 75 m vom Abschlag entfernt erkennst du, dass die Parabel fällt.
Der Höhepunkt im Verlauf der Parabel ist im Scheitelpunkt erreicht, und dieser ist 75 m vom Abschlag entfernt. An diesem Punkt liest du den y-Wert ab und ermittelst so die maximale Höhe. Dabei kannst du ein Lineal zur Hilfe nehmen, das du parallel zur x-Achse verschiebst.

Aufgabe 3 b.

Die Flugweite des Golfballes kannst du ebenfalls durch Ablesen feststellen. Sie entspricht der Entfernung zwischen den beiden Nullstellen der Parabel und beträgt 150 m.

Aufgabe 3 c.

c1. Die richtige Lösung ist A. Diese Funktionsgleichung beschreibt eine Parabel (die höchste Potenz von x ist x^2), die nach unten geöffnet ist (der Faktor vor x^2 ist kleiner 0)

c2. Die Funktionsgleichung B ($y = -0{,}05x$) stellt eine lineare Funktion dar. Der Graph dieser Funktion ist eine Gerade.
Die Funktionsgleichung C ($y = 0{,}18x^2$) ist zwar eine quadratische Funktion und der Graph dieser Funktion ist eine Parabel. Da aber 0,18 > 0 ist, ist diese Parabel nach oben geöffnet und nicht – wie in der Abbildung – nach unten.

Aufgabe 3 d.

d1. Die 50-m-Markierung stellt den x-Wert des gesuchten Punktes dar, gesucht ist die Flughöhe, also der entsprechende y-Wert. Du musst also den Wert $x = 50$ in die Funktionsgleichung $y = (0{,}5 - 0{,}004x)x$ einsetzten. Der berechnete Wert für y gibt dir die gesuchte Höhe an:

$$y = (0{,}5 - 0{,}004 \cdot 50) \cdot 50$$
$$= 15$$

Der Golfball befindet sich in einer Höhe von 15 m, wenn er die 50-m-Markierung überfliegt.

d2. Um die Flugweite zu berechnen, ist es erforderlich, dass du die beiden Nullstellen der Funktion $y = (0{,}5 - 0{,}004x)x$ bestimmst. Der Abstand zwischen den Nullstellen entspricht der Flugweite des Golfballes.

$(0{,}5 - 0{,}004x)x = 0 \quad | :x \quad \Rightarrow$ 1. Nullstelle: $x = 0$; $y = 0$: $N_1(0|0)$

$0{,}5 - 0{,}004x = 0 \quad | +0{,}004x$

$0{,}5 = 0{,}004x \quad | :0{,}004$

$x = \frac{0{,}5}{0{,}004} = 125 \quad \Rightarrow$ 2. Nullstelle: $x = 125$; $y = 0$: $N_2(125|0)$

Die Flugweite des Golfballes beträgt 125 m.

Aufgabe 3 e.

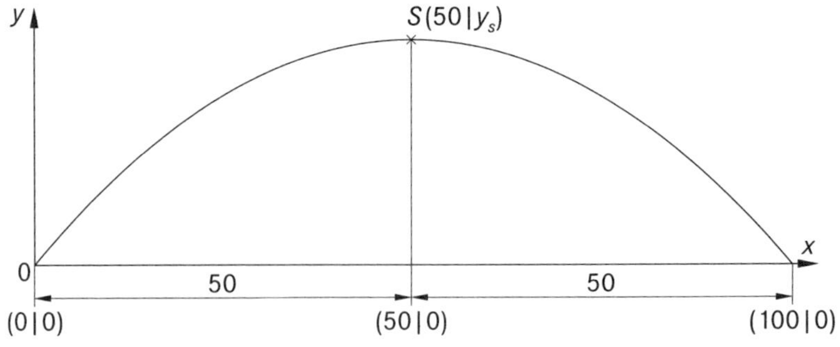

Eine Parabel ist symmetrisch zum Scheitelpunkt. Wenn der Golfball die maximale Flughöhe über der 50-m-Markierung erreicht hat, hat er somit die Hälfte seiner Flugbahn zurückgelegt. Du musst also die 50-m-Strecke verdoppeln und erhältst eine Flugweite von 100 m. Der Ball landet 100 m vom Abschlag entfernt.

Aufgabe 4 a.

a 1. 14 500 € - 13 100 € = 1400 €
Durch Barzahlung kann man 1400 € sparen.

a 2. Grundgleichung der Prozentrechnung: $W = \frac{G \cdot p}{100}$.
Gegeben: G = 14 500 € (ursprünglicher Preis des Autos)
W = 13 100 € (Barpreis)
Gesucht: p
Umstellen der Grundgleichung:

$$p = \frac{W \cdot 100}{G} = \frac{13\,100\text{ €} \cdot 100}{14\,500\text{ €}} \approx 90{,}3\,\%$$

Bei Barzahlung kostet das Auto etwa 90 % des ursprünglichen Preises.

a 3. Zinseszinsformel: $K_n = (1 + p)^n \cdot K_0$
Gegeben: Anlagebetrag: K_0 = 10 000 €
Anlagedauer: n = 5 (Jahre)
Zinssatz: p = 2,75 % = 0,0275
Gesucht: K_n

$$\begin{aligned} K_n &= (1 + 0{,}0275)^5 \cdot 10\,000\text{ €} \\ &= 1{,}0275^5 \cdot 10\,000\text{ €} \\ &= 11\,452{,}73344\text{ €} \\ &\approx 11\,452{,}73\text{ €} \end{aligned}$$

Die Differenz zwischen dem Barpreis und dem Bankguthaben beträgt:
13 100 € - 11 452,73 € = 1647,27 €
Herr Olsen muss noch 1647,27 € zusätzlich aufwenden.

a 4. Die Kosten für die angebotene Ratenzahlung (K_R) setzen sich zusammen aus der Summe der 36 Raten und dem Betrag der Schlussrate:
K_R = 225,16 € · 36 + 6525 € = 8105,76 € + 6525 € = 14 630,76 €
Für die Ratenzahlung müsste Herr Olsen insgesamt 14 630,76 € aufbringen.
Anmerkung: Das ist 130,75 € mehr als der ausgezeichnete Preis und 1530,76 € mehr als der Barpreis.

Aufgabe 4 b.

b 1. Vorüberlegungen

- Die Gesamtzahl aller Käufer entspricht 100 %. Davon wählen 34 % Ratenzahlung und somit 66 % keine Ratenzahlung.
- Von den 34 %, die eine Ratenzahlung bevorzugen, ist die Hälfte (50 %) jünger als 25 Jahre und damit die Hälfte älter als 25 Jahre. Dies entspricht jeweils einem Anteil von $0{,}5 \cdot 34\,\% = 17\,\%$ an der Gesamtzahl der Käufer.
- Von den 66 % der Käufer, die keine Ratenzahlung wählen, sind ein Drittel, also $33\frac{1}{3}\,\%$ jünger als 25 Jahre und damit zwei Drittel oder $66\frac{2}{3}\,\%$ älter als 25 Jahre. Dies entspricht einem Anteil an der Gesamtkäuferschaft von $0{,}33 \cdot 66\,\% = 22\,\%$ bzw. $0{,}66 \cdot 66\,\% = 44\,\%$

Baumdiagramm

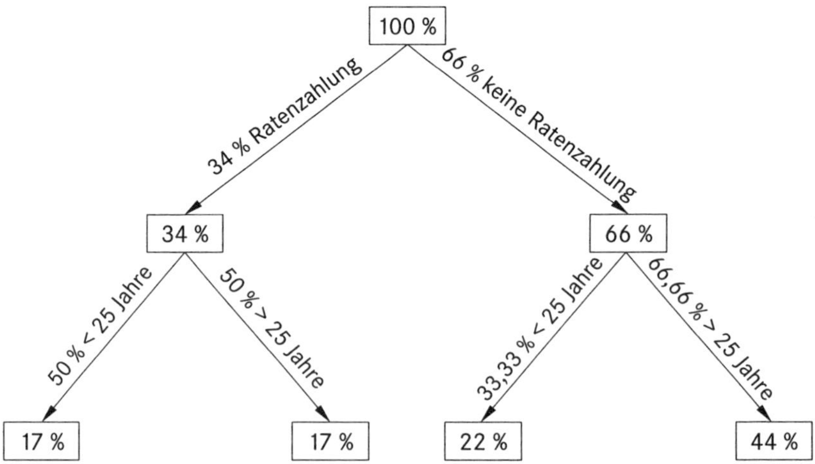

b 2. Es sind 17 % der Autokäufer, die Ratenzahlung nutzen, unter 25 Jahre alt und 22 % der Käufer, die nicht in Raten zahlen. Die Anteile müssen addiert werden:

$17\,\% + 22\,\% = 39\,\%$

39 % aller Autokäufer sind jünger als 25 Jahre.

Schnell-Check Prüfungsteil 2 2007

Aufgabe	Thema	☺	☹	Tipps zum Üben
2 a.	Volumen, Maße und Gewichte			Informiere dich im Internet über das Eichgesetz. Kläre die Begriffe „Füllmenge“ und „Nennfüllmenge“.
2 b 1.	Volumen, Maße und Gewichte			Suche weitere Beispiele für Verpackung und Gewicht. Mache dir realistische Größenordnungen klar.
2 b 2.	Quader			Suche einige Beispiele für Quader und Würfel und zeige, wie sich bei Veränderung der Kantenlänge (z. B. Halbierung, Verdopplung) das Volumen verändert.
2 c 1.	Körper, Volumen einer Pyramide			Zeichne eine Pyramide mit quadratischer und eine Pyramide mit rechteckiger Grundfläche. Berechne die verschiedenen Volumina.
2 c 2.	Körper, Pyramide, Körperhöhe			Zeichne in die Pyramiden mit quadratischer und rechteckiger Grundfläche aus Aufgabe c 1. die jeweilige Höhe h farbig ein. Stelle die Formeln für V nach der Höhe um und berechne sie mit sinnvollen Werten für V, a und b.
2 c 3.	Körper, Pyramide, Flächendiagonale			Suche in deinem Mathematikbuch oder im Internet nach einem Beweis für den Satz des Pythagoras. Zeige an einem Beispiel, dass der Satz des Pythagoras nicht für ein spitzwinkliges oder ein stumpfwinkliges Dreieck gilt. Bei welcher Berechnung in einer Pyramide kann dir der Satz des Pythagoras helfen? Fertige Skizzen an. Bestimme die Höhen der Seitenflächen.
2 d.	Prozentrechnung			Stelle die Formel zur Berechnung des Prozentsatzes nach den verschiedenen Variablen um. Suche Aufgaben aus dem Bereich „Kaufen-Verkaufen“ und löse sie.

3 a.	quadratische Funktionen: Scheitelpunkt			Berechne, welche Flughöhe der Golfball bei 10 m, 30 m, 50 m, 100 m, 120 m vom Abschlag aus erreicht. Überlege, welche Beispiele für Parabeln in Natur und Technik zu finden sind (Parabelflug, Köln-Arena).
3 b.	quadratische Funktionen: Nullstellen			Betrachte Funktionsgleichungen vom Typ $y = ax^2 + bx$. Überlege dir verschiedenen Werte für a und b, berechne die Nullstellen und zeichne die Graphen in ein Koordinatensystem (oder benutze den Funktionsplotter FunkyPlot).
3 c.	quadratische und lineare Funktionen und ihre Graphen			Überlege dir den Verlauf der Graphen der folgenden Funktionen: $y = 2x$; $y = 3x + 2$; $y = x^2$; $y = 2x^2$; $y = 2x^2 + 4$; $y = -0{,}5x^2 + 2x$; $y = 2x^2 - x + 3$
3 d 1.	quadratische Funktionen			Berechne, in welcher Höhe sich der Golfball bei anderen Markierungen befindet. Wähle 4 verschiedene Markierungen aus, die sinnvoll über die Flugweite verteilt sind, z. B. 10 m, 40 m, 80 m, 120 m.
3 d 2.	quadratische Funktionen: Nullstellen			Wie berechnet man die Nullstellen einer quadratischen Funktion? Welcher Zusammenhang besteht zwischen dieser Berechnung und der *pq*-Formel?
3 e.	quadratische Funktionen: Symmetrie			Bringe die Funktion $y = x^2 + 2x + 1$ in die Scheitelpunktform $y = a(x - x_s)^2 + y_s$, berechne die Nullstellen und skizziere den Graphen mithilfe der gefundenen Werte und der Symmetrieeigenschaften. Benutze eine Schablone.

4 a 1.	Barzahlung			Suche aus Werbungsangeboten verschiedene Rabattangaben und vergleiche mit den ursprünglichen Preisen.
4 a 2.	Prozentrechnung			Schreibe dir die Preise von Superbenzin an einer Tankstelle an allen Tagen einer Woche auf und berechne, wie sich der Preis prozentual verändert. Beginne mit dem Preis am Sonntag.
4 a 3.	Zinseszinsrechnung			Stelle die Formel zur Zinseszinsrechnung nach K_0, p und n um. Suche weitere Beispiele und berechne die verschiedenen Größen. In Banken werden Kredite angeboten. Suche für einen Kreditbetrag von 10 000 € verschiedene Angebote und vergleiche diese Angebote in Bezug auf die Kosten. Du kannst auch im Internet recherchieren. Wenn im Jahre 0 100 € auf ein Sparbuch mit einem Zinssatz von 4 % festgelegt worden wären, wie viel Euro könntest du 2009 abheben?
4 a 4.	Ratenzahlung			Informiere dich in verschiedenen Geschäften über Ratenzahlung und Leasing-Angebote. Berechne an mehreren Beispielen die jeweiligen Gesamtkosten und vergleiche diese mit Barpreisen.
4 b.	Baumdiagramm			Stelle die folgenden Angaben mithilfe eines Baumdiagramms dar: 1998 haben 56 % aller deutschen Bürger geraucht, davon waren 53 % jünger als 19 Jahre, bei den Nichtrauchern waren 41 % unter 19 Jahren. Wie viel Prozent der Raucher und Nichtraucher waren unter 19 Jahren? Kannst du mit diesen Angaben errechnen, welcher Anteil der Bundesbürger 1998 unter 19 Jahre alt war?

Bearbeitungs-modus	Alle Aufgaben sind zu bearbeiten
Hilfsmittel	Im Unterricht eingeführter wissenschaftlicher Taschenrechner, Formelsammlung
Bearbeitungszeit	Insgesamt 120 Minuten, davon maximal 30 Minuten für den Prüfungsteil 1, die weiteren Aufgaben werden erst nach Abgabe des Teils 1 ausgehändigt

Prüfungsteil 1: Aufgabe 1

Thema	Algebra, Maßstäbe, Geometrie, Diagramme

a. In welchem Maßstab müsste das abgebildete Modellauto vergrößert werden, damit es ungefähr so groß wäre wie das Original? Kreuze an! 2 P

■ 1 : 10 ■ 1 : 100 ■ 1 : 1000 ■ 1 : 10 000

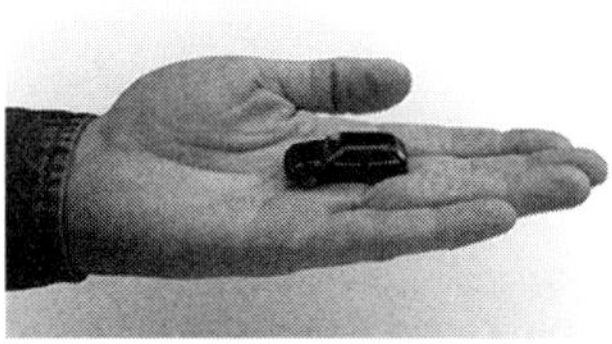

b. Kann man aus dem jeweiligen Netz einen geschlossenen Quader bauen? Kreuze an! 3 P

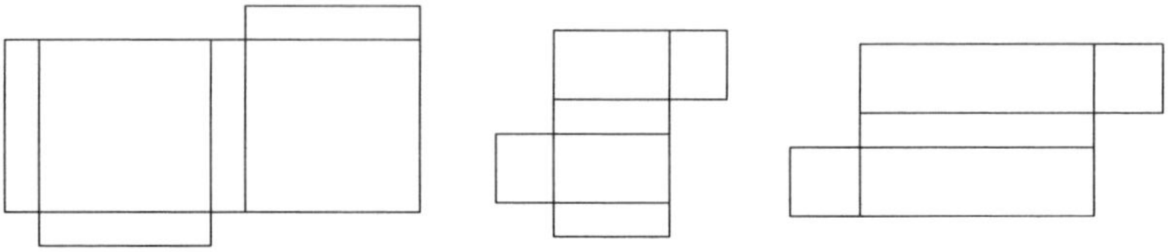

b1. ■ ja ■ nein **b2.** ■ ja ■ nein **b3.** ■ ja ■ nein

c. Berechne das Volumen des Werkstücks. Die Maße in der Zeichnung sind in cm angegeben. Notiere deine Rechnung. 3 P

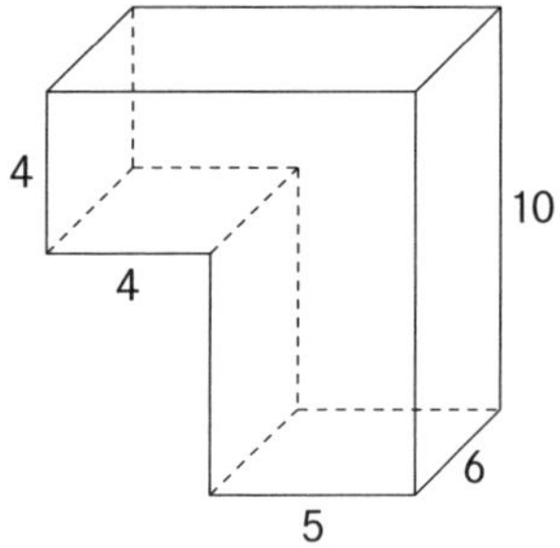

d. Für den Bau von Treppen verwendet man häufig die folgende „Schrittmaßregel" (siehe Skizze): **2 P**
$x + 2y = 63\,\text{cm}$
Gib ein Wertepaar für x und y an, das die Gleichung erfüllt und für den Bau einer Treppe sinnvoll ist.

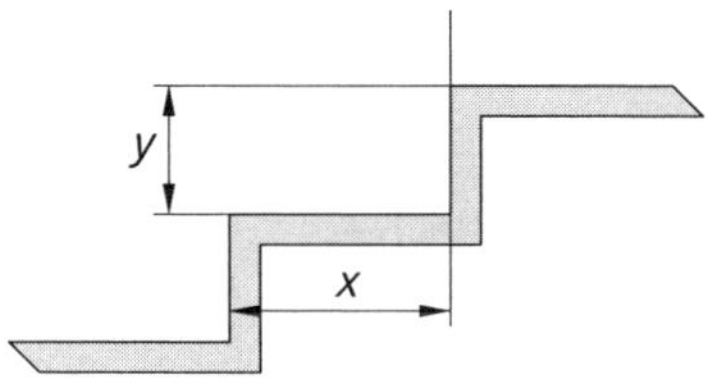

e. Blitz und Donner entstehen zur gleichen Zeit am gleichen Ort. Der Schall legt einen Kilometer in 3,3 Sekunden zurück. Das Licht ist so schnell, dass man es auch in großer Entfernung nahezu im Moment des Blitzes sieht.

e1. Wie weit ist ein Gewitter entfernt, wenn es 17 Sekunden nach dem Blitz donnert? Notiere deine Rechnung. **2 P**

e2. Wie lange dauert es, bis es donnert, wenn der Blitz 8 km entfernt entsteht? Notiere deine Rechnung. **2 P**

f. Ein mit den Zahlen „1" bis „6" beschrifteter Quader wurde insgesamt 2000-mal geworfen. Das Diagramm zeigt die relative Häufigkeit des Wurfergebnisses „4" nach 100, 200, 300, 400 usw. Würfen.

f1. Wie oft ist die „4" bei 200 Würfen gefallen? Notiere deine Rechnung. **3 P**

f2. Gib mit Hilfe des Diagramms einen Schätzwert für die Wahrscheinlichkeit an, dass bei dem benutzten Quader eine „4" fällt. **2 P**

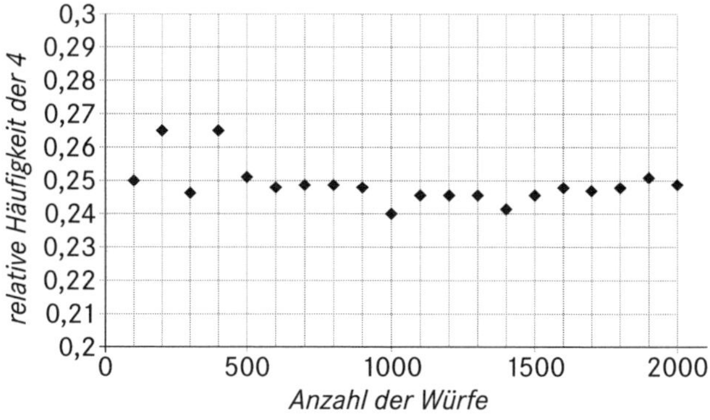

LÖSUNGSVORSCHLAG

Lösungshinweise

Aufgabe 1 a.

Überlege, welcher Wert bei einem Maßstab (z. B. 1 : 10) die Wirklichkeit bedeutet und welcher Wert die Abbildung der Wirklichkeit.

Aufgabe 1 b.

Stell' dir vor, dass das Netz ausgeschnitten und an den Kanten geknickt wird. Überlege, welche Kanten aufeinander treffen und einen Quader bilden können. Denke daran: In einem Quader sind die Flächen der gegenüberliegenden Seiten gleich.

Aufgabe 1 c.

Zerlege das Werkstück in zwei Quader. Oder berechne zunächst die vordere Fläche.

Aufgabe 1 d.

Eine sinnvolle Treppenhöhe (y) hat einen Wert von 10 cm bis 20 cm. Das Umstellen der gegebenen Gleichung erleichtert es, sinnvolle Wertepaare zu finden.

Aufgabe 1 e.

Die Entfernung des Gewitters von deinem Standort kannst du mithilfe der Formel $s = v \cdot t$ oder mithilfe des Dreisatzes berechnen. Um die Zeit zu berechnen, die der Donner benötigt, ist es sinnvoll, die Formel nach t umzustellen oder ebenfalls den Dreisatz zu benutzen.

Aufgabe 1 f.

Lies die relative Häufigkeit für eine „4“ bei 200 Würfen im Diagramm ab. Berechne aus diesem Wert dann die absolute Anzahl der Würfe, bei denen eine „4“ erschien. Mit steigender Anzahl der Würfe nähert sich die Anzahl der Würfe einer „4“ dem Schätzwert für die Wahrscheinlichkeit an.

Ausführliche Lösung

Aufgabe 1 a.

Das Spielzeugauto auf der Hand ist etwa 4 cm lang, ein großes Auto etwa 4 m. Der richtige Maßstab beträgt also 1 : 100.

Aufgabe 1 b.

b 1. Ja

b 2. Nein: Stellt man sich die großen Rechtecke als Boden- und Deckelfläche vor, so haben die vier potenziellen Seiten nicht die gleiche Höhe.

b 3. Nein: Das Netz hat nur fünf Flächen, nicht die sechs, die für einen geschlossenen Quader nötig sind.

Aufgabe 1 c.

Erster Rechenweg:

$V_1 = 4\,cm \cdot 4\,cm \cdot 6\,cm = 96\,cm^3$

$V_2 = 5\,cm \cdot 10\,cm \cdot 6\,cm = 300\,cm^3$

$V = V_1 + V_2 = 396\,cm^3$

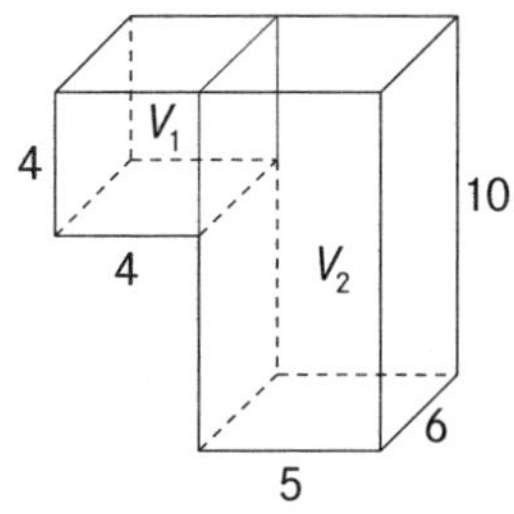

Zweiter Rechenweg:

Berechnung der vorderen Fläche F:

$F = 4\,cm \cdot 4\,cm + 10\,cm \cdot 5\,cm = 16\,cm^2 + 50\,cm^2 = 66\,cm^2$

$V = F \cdot 6\,cm = 66\,cm^2 \cdot 6\,cm = 396\,cm^3$

Aufgabe 1 d.

Es müssen zwei Werte gefunden werden, die einerseits die gegebene Gleichung erfüllen und andererseits eine sinnvolle Stufenhöhe zwischen 10 cm und 20 cm ergeben. Die Stufenhöhe ist mit y bezeichnet, Umstellen der gegebenen Gleichung $x + 2y = 63\,cm$ erleichtert es, sinnvolle Lösungen zu finden:

$x = 63 - 2y$

$y = 10\,cm \Rightarrow x = 43\,cm$

$y = 15\,cm \Rightarrow x = 33\,cm$

$y = 20\,cm \Rightarrow x = 23\,cm$

Mögliche Lösungen liegen in diesem Bereich.

Aufgabe 1 e.

e 1. $s = v \cdot t$

$v = \frac{1\,\text{km}}{3{,}3\,\text{s}} = 0{,}303\,\frac{\text{km}}{\text{s}}$; $t = 17\,\text{s}$

$\Rightarrow s = 0{,}303\,\frac{\text{km}}{\text{s}} \cdot 17\,\text{s} = 5{,}1515\,\text{km} \approx 5{,}2\,\text{km}$

Das Gewitter ist ungefähr 5,2 km entfernt.

Berechnung mit dem Dreisatz

	Entfernung des Gewitters	Zeit	
:3,3	1 km	3,3 s	:3,3
	0,303 km	1 s	
· 17	5,15 km	17 s	· 17

e 2. $s = v \cdot t \;\Rightarrow t = \frac{s}{v}$

$t = \frac{8\,\text{km}}{0{,}303\,\frac{\text{km}}{\text{s}}} = 26{,}4\,\text{s}$

Der Donner benötigt etwa 26 Sekunden.

Berechnung mit dem Dreisatz:

	Zeit	Entfernung des Gewitters	
	3,3 s	1 km	
· 8	26,4 s	8 km	· 8

Aufgabe 1 f.

f 1. Aus dem Diagramm abgelesene relative Häufigkeit bei 200 Würfen: 0,265.
Die absolute Anzahl (A) der Würfe mit einer „4“ als Ergebnis berechnet man, indem man die relative Häufigkeit mit der Anzahl der Würfe multipliziert:
$A = 200 \cdot 0{,}265 = 53$
Bei 200 Würfen wurde 53-mal eine „4“ erzielt.

f 2. Mit zunehmender Anzahl der Würfe nähert sich der gemessene Wert der Wahrscheinlichkeit an, dass mit diesem Quader eine „4“ geworfen wird. Dem Diagramm entnimmt man, dass diese Wahrscheinlichkeit bei 0,25 liegt.

Schnell-Check Prüfungsteil 1 2008

Aufgabe	Thema			Tipps zum Üben
1 a.	Maßstab			Suche im Atlas, auf Stadtplänen oder Wanderkarten verschiedene Maßstabangaben und bestimme jeweils die Entfernung in der Wirklichkeit. Überlege, warum unterschiedliche Maßstäbe benutzt werden. Suche im Internet Angaben über das Segelschulschiff *Passat*. Welche Länge bekommen die angegeben Größen im Maßstab 1 : 100?
1 b.	Netze von Quadern			Zeichne das Netz eines Würfels und eines Quaders. Schneide die Netze aus und falte sie. Stelle fest, welche Unterschiede und welche Gemeinsamkeiten vorliegen. Untersuche die Flächen und Kanten.
1 c.	Volumen			Baue aus Legosteinen eine Figur und überlege, wie du ihr Volumen bestimmen kannst. Du kannst immer das Volumen der verwendeten Steine zusammenzählen. Aber gibt es vielleicht bei deiner Figur einen einfacheren Rechenweg?
1 d.	lineare Gleichungen			Die mittlere Schrittlänge eines Menschen beträgt 63 cm. Beim Treppensteigen verkürzt sich die Schrittlänge, man benutzt die in der Aufgabenstellung gegebene Formel. Bequem ist ein Auftritt (Stufenbreite) von 27 cm. Wie hoch muss dann die Stufenhöhe sein? Fertige eine Skizze an, die den Sachverhalt verdeutlicht. Eine Treppe zum Dachboden hat eine Steigung (Stufenhöhe) von 21 cm. Wie groß ist der Auftritt?
1 e.	Geschwindigkeit, Dreisatz			Informiere dich im Internet oder im Physikbuch über Licht und Lichtgeschwindigkeit. Berechne die Zeit, die der Blitz für die Strecken in der Aufgabe benötigt und bestätige damit, dass man dies im Vergleich zu der Zeit, die der Donner braucht, vernachlässigen kann.
1 f.	Wahrscheinlichkeit			Wirf eine Münze 10-mal und notiere, wie häufig „Zahl" oben liegt. Berechne die relative Häufigkeit. Die relative Häufigkeit nach einer großen Anzahl von Würfen ist der Schätzwert. Wirf die Münze 100-mal und gib dann die Wahrscheinlichkeit für „Zahl oben" an.

Prüfungsteil 2: Aufgabe 2

Thema	Geometrie

Auf vielen Getreidefeldern in den USA werden wegen der Trockenheit im Sommer Bewässerungsanlagen eingesetzt. Sie sind im Mittelpunkt fest montiert und lange „Arme" mit Wasserrohren fahren auf großen Rädern kreisförmig über die Felder (siehe Abbildung).

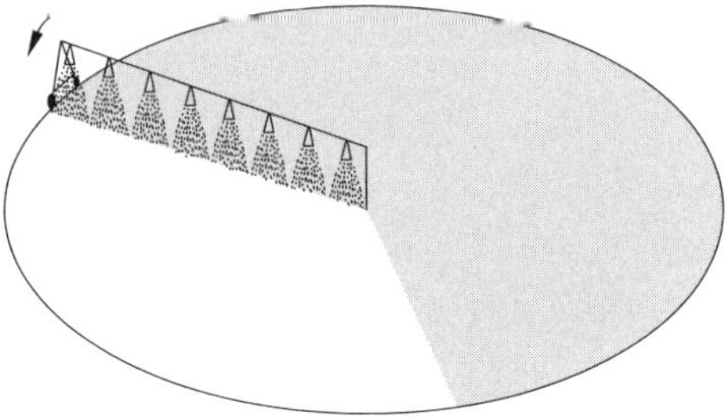

Farmer Jackson setzt Anlagen ein, die jeweils eine Armlänge von 225 m haben.

a. Berechne die Kreisfläche, die mit einer Anlage bewässert werden kann. Notiere deine Rechnung. 3 P

b. Mit welcher Geschwindigkeit bewegt sich der äußere Endpunkt eines solchen Wasserrohres, wenn die Anlage drei Umdrehungen in einer Stunde macht? Gib die Geschwindigkeit in $\frac{km}{h}$ an. Notiere deine Rechnung. 4 P

Aus dem Flugzeug sieht Jacksons Getreidefeld aus wie auf der Skizze rechts: Die bewässerten Kreisflächen sehen grün (hier: weiß) aus, das andere Gelände ist braun (hier: grau).

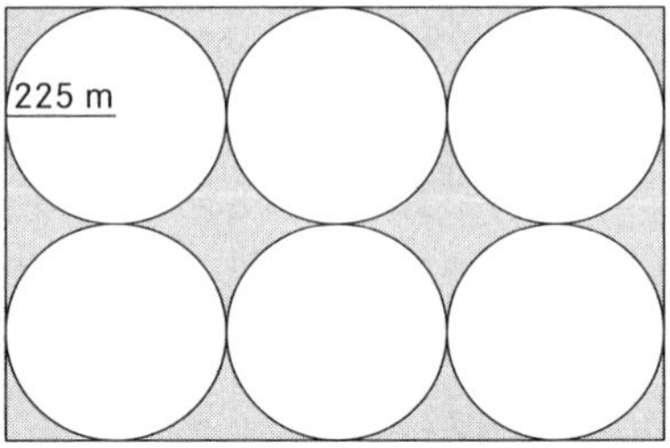

c. Die Fläche, die nicht bewässert wird, soll berechnet werden. Beschreibe einen möglichen Lösungsweg, ohne zu rechnen. 3 P

Farmer Jackson muss seine Wasserleitungen erneuern, die von einem Brunnen in der Mitte des Geländes zu den Mittelpunkten aller Kreisflächen führen (siehe Pfeile).

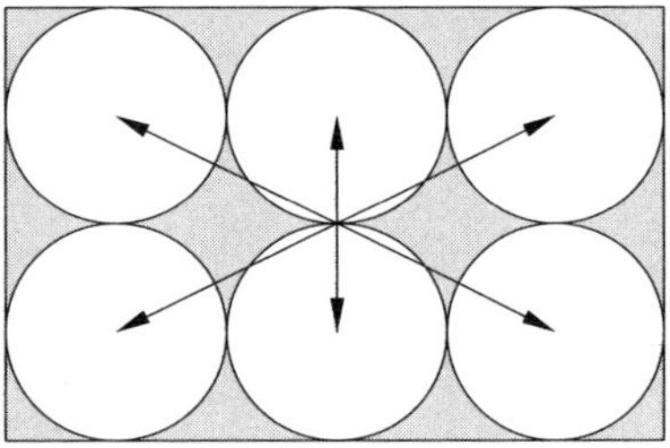

d. Berechne die Gesamtlänge aller Wasserleitungen. Notiere deine Rechnung. 5 P

Prüfungsteil 2: Aufgabe 3

Thema	Prozentrechnung, Wahrscheinlichkeitsrechnung

In Untersuchungen mit Sportlern wurden Schätzwerte für Fehlerwahrscheinlichkeiten in unterschiedlichen Situationen ermittelt. Ziel war es, mögliche Fehler durch zielgerichtetes Training weitgehend auszuschließen.

	Situation	Fehlerwahrscheinlichkeit
A	einfache und häufig durchgeführte Aufgabe	0,001
B	oft geübte Aufgabe unter Zeitdruck	0,01
C	schwierige Aufgabe	0,1
D	schwierige Aufgabe unter Stress	0,3

a. In welcher der beschriebenen Situationen tritt die Fehlerwahrscheinlichkeit $1 \cdot 10^{-2}$ auf? Notiere den zugehörigen Buchstaben in deinen Unterlagen. 1 P

b. Ein Basketballspieler hat im Training eine Trefferquote von 90 % bei Freiwürfen. Welcher der Situationen entspricht dies? Notiere den zugehörigen Buchstaben in deinen Unterlagen. 1 P

c. Schwierige Aufgaben unter Stress werden von Sportlern mit einer Fehlerwahrscheinlichkeit von 0,3 ausgeführt. Beurteile, ob die folgenden Aussagen stimmen. Kreuze an. 4 P

Das bedeutet, dass	stimmt	stimmt nicht
es in **etwa** 30 % der Fälle zu einem Fehler kommt.		
die Fehlerwahrscheinlichkeit $3 \cdot 10^{-1}$ beträgt.		
30 Fehler gemacht werden.		
in 3 von 10 Fällen **sicher** ein Fehler auftritt.		

d. In einem Spiel erhält ein Spieler zwei Freiwürfe. Seine Trefferwahrscheinlichkeit bei jedem Freiwurf in diesem Spiel beträgt stressbedingt nur noch 70 %.

d1. Trage in die Kästchen die Wahrscheinlichkeiten für die Aste ein. 2 P

d2. Wie groß ist die Wahrscheinlichkeit dafür, dass der Spieler bei beiden Freiwürfen trifft? Notiere deine Rechnung 3 P

d3. Mit welcher Wahrscheinlichkeit wird er nur einmal treffen? Notiere deine Rechnung. 3 P

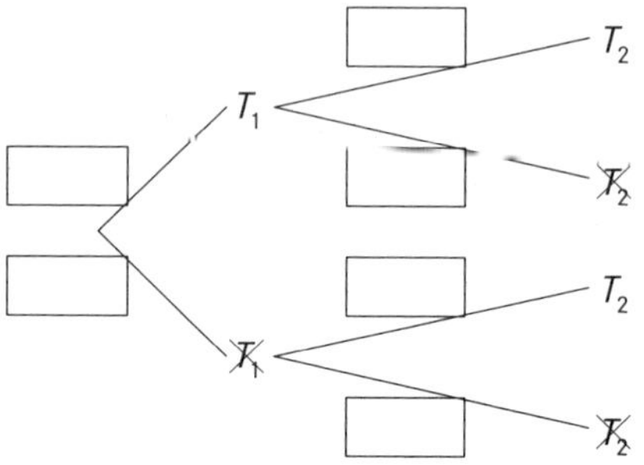

T_1: Treffer beim ersten Freiwurf
$\not T_1$: kein Treffer beim ersten Freiwurf
T_2: Treffer beim zweiten Freiwurf
$\not T_2$: kein Treffer beim zweiten Freiwurf

Prüfungsteil 2: Aufgabe 4

Thema	Funktionen

Das Foto oben zeigt eine Hängebrücke. Die Stahlseile sind in einer Höhe von 80 m über der Straße an den Brückenpfeilern befestigt.
Der Verlauf des Stahlseils zwischen den Brückenpfeilern kann annähernd durch eine Parabel beschrieben werden.

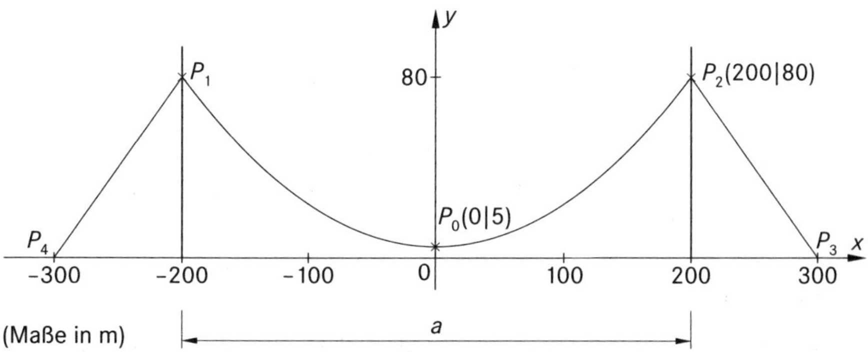

a. Wie hoch hängt das Stahlseil zwischen den Brückenpfeilern an seiner tiefsten Stelle (P_0) über der Fahrbahn? Notiere den Wert in deinen Unterlagen. 1 P

b. Wie viele Meter beträgt der Abstand *a* der beiden Brückenpfeiler? 1 P

c. Der Punkt P_2 hat die Koordinaten $P_2(200|80)$. Bestimme die Koordinaten von P_1. 1 P

d. Eine der folgenden Funktionsgleichungen gehört zu der Parabel, die den Verlauf des Stahlseils beschreibt.

A	B	C
$y = -0{,}001875x^2 + 5$	$y = 0{,}001875x^2 + 5$	$y = 0{,}001875x^2 - 5$

d1. Notiere den zugehörigen Lösungsbuchstaben in deinen Unterlagen. 1 P

d2. Erkläre, warum die beiden anderen Funktionsgleichungen die Parabel nicht beschreiben. 2 P

e. Berechne die Länge der Strecke $\overline{P_2P_3}$. Notiere deine Rechnung. 4 P

Die folgende Abbildung zeigt eine andere Hängebrücke. Die Stahlseile sind in einer Höhe von 48 m über der Straße an den Brückenpfeilern befestigt.

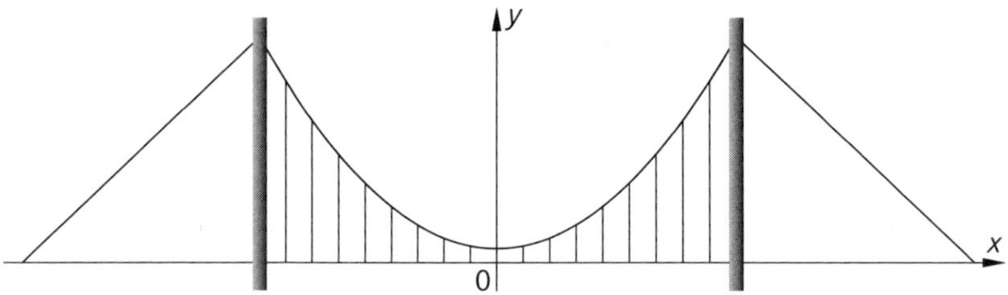

Das Stahlseil zwischen den Brückenpfeilern hat annähernd die Form einer Parabel. Die Funktionsgleichung dieser Parabel lautet $y = 0{,}002x^2 + 3$ (x und y in Metern).

f. Berechne mit Hilfe der Funktionsgleichung den Abstand zwischen den Brückenpfeilern. Notiere deine Rechnung. 4 P

Eine Bogenbrücke (vgl. Abbildung unten) hat annähernd die Form einer Parabel mit zugehöriger Funktionsgleichung $y = -0{,}007 \cdot x^2 + 1{,}3 \cdot x$ (x und y in Metern).

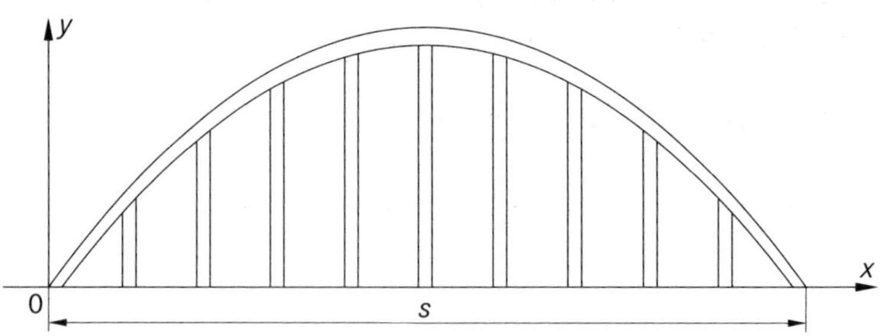

g. Bestimme die Spannweite s. Notiere deine Rechnung. 4 P

LÖSUNGSVORSCHLAG

Lösungshinweise

Aufgabe 2 a.
Der Farmer bewässert eine Kreisfläche, deren Radius bekannt ist.

Aufgabe 2 b.
Der äußere Punkt des Wasserrohres bewegt sich auf dem Kreisumfang, du kannst also die Strecke berechnen und daraus die Geschwindigkeit.

Aufgabe 2 c.
Das Getreidefeld hat die Form eines Rechtecks, das 6 bewässerte Kreisflächen enthält.

Aufgabe 2 d.
Die Länge der Rohre kann teilweise aus der Zeichnung abgelesen werden, teilweise mit dem Satz des Pythagoras berechnet werden.

Aufgabe 3 a.
Überlege, wie die Schreibweise von Zehnerpotenzen festgelegt ist, rechne 10^{-2} in eine Dezimalzahl um.

Aufgabe 3 b.
Bestimme aus der Trefferquote die Fehlerwahrscheinlichkeit, rechne in eine Dezimalzahl um.

Aufgabe 3 c.
Rechne die Fehlerwahrscheinlichkeit von 0,3 um in eine Prozentangabe oder eine Zehnerpotenz mit negativem Exponenten. Damit stellst du fest, welche der 4 Aussagen zutreffen.

Aufgabe 3 d.
Die Wahrscheinlichkeit für einen Treffer in jedem der beiden Würfe ist unabhängig voneinander. Betrachte jeweils die Pfade, die zu einem im Sinne der Aufgabenstellung positiven Ergebnis führen.

Aufgabe 4 a.
Du kannst die Lösung durch Ablesen in der Abbildung ermitteln.

Aufgabe 4 b.
Auch den Abstand zwischen den Brückenpfeilern entnimmst du der Abbildung.

Aufgabe 4 c.
P_1 und P_2 liegen symmetrisch zur y-Achse.

Aufgabe 4 d.
Bekannt ist der Schnittpunkt der Parabel mit der y-Achse, die Parabel ist nach oben geöffnet.

Aufgabe 4 e.
Die Länge der Strecke $\overline{P_2P_3}$ kann mit Hilfe des Satzes des Pythagoras berechnet werden.

Aufgaben 4 f.
Setze in die Funktionsgleichung für y den Wert 48 ein.

Aufgabe 4 g.
Die Spannweite s liegt zwischen den beiden Nullstellen der Parabel.

Ausführliche Lösung

Aufgabe 2 a.

Für den Flächeninhalt eines Kreises gilt die Formel $A = \pi r^2$. Der Radius beträgt $r = 225\,\text{m}$. Damit gilt:
$A = \pi r^2 = \pi \cdot (225\,\text{m})^2 = 159\,043{,}1\,\text{m}^2 \approx 159\,043\,\text{m}^2 \approx 0{,}159\,\text{km}^2$

Aufgabe 2 b.

Für den Kreisumfang gilt:
$U = 2 \cdot \pi \cdot r = 2 \cdot \pi \cdot 225\,\text{m} \approx 1413{,}7\,\text{m} = 1{,}4137\,\text{km}$
In einer Stunde werden drei Umdrehungen durchgeführt. Für die Geschwindigkeit gilt also:
$v = \frac{s}{t} = \frac{3 \cdot U}{1\,\text{h}} = \frac{3 \cdot 1{,}4137\,\text{km}}{1\,\text{h}} \approx 4{,}241\,\frac{\text{km}}{\text{h}}$

Aufgabe 2 c.

Das Feld kann man aufteilen in sechs Quadrate, innerhalb derer jeweils eine Kreisfläche bewässert wird. Die Radien der Kreise entsprechen dabei der halben Seitenlänge der Quadrate. Die Kreise haben einen Radius von 225 m, die Quadrate dann also eine Seitenlänge von 450 m. Um die nicht bewässerte Fläche zu berechnen, muss man die Fläche der Kreise von der Gesamtfläche des Feldes abziehen: Von 6 quadratischen Flächen mit der Kantenlänge 450 m werden 6 Kreisflächen mit dem Radius 225 m subtrahiert.

Aufgabe 2 d.

Länge der kurzen Rohre: $l_k = 225\,\text{m}$ (aus der Zeichnung abgelesen).
Länge der langen Rohre: Die Länge der langen Rohre kann mit dem Satz des Pythagoras berechnet werden (siehe Skizze). Die Länge l_m wird dabei aus der Zeichnung abgelesen.

$l_l^2 = l_k^2 + l_m^2 = l_k^2 + (2 \cdot l_k)^2 \Rightarrow$

$l_l = \sqrt{l_k^2 + l_m^2} = \sqrt{(225\,\text{m})^2 + (450\,\text{m})^2} \approx 503{,}12\,\text{m} \approx 503\,\text{m}$

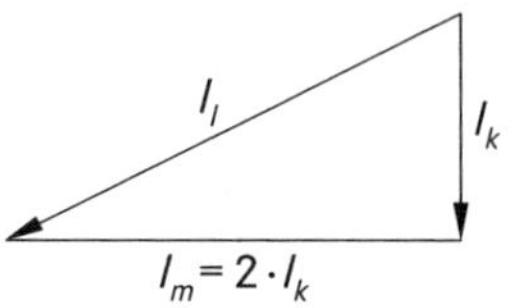

Das Rohrsystem besteht aus zwei kurzen und vier langen Rohren. Die Gesamtlänge beträgt also:

$l_g = 2 \cdot l_k + 4 \cdot l_l = 2 \cdot 225\,\text{m} + 4 \cdot 503\,\text{m} = 2462\,\text{m}$

Aufgabe 3 a.

$1 \cdot 10^{-2} = 0{,}01$. Dies entspricht Zeile B der Tabelle.

Aufgabe 3 b.

Der Basketballspieler hat bei einer Trefferquote von 90 % eine Fehlerwahrscheinlichkeit von 10 %. Umrechnen der Prozentangabe in eine Dezimalzahl:
$10\,\% = \frac{10}{100} = \frac{1}{10} = 0{,}1$
Dies entspricht Zeile C der Tabelle.

Aufgabe 3 c.

A stimmt, denn $30\,\% = \frac{30}{100} = \frac{3}{10} = 0{,}3$. B stimmt, denn $3 \cdot 10^{-1} = \frac{3}{10} = 0{,}3$

C stimmt nicht, denn mit Wahrscheinlichkeiten allein kann man keine Aussagen über die absolute Zahl von Fehlern machen.
D stimmt nicht, denn mit Wahrscheinlichkeiten kann man nicht sicher sein, wie viele Fehler in einem konkreten Durchgang passieren.

Aufgabe 3 d.

d 1.

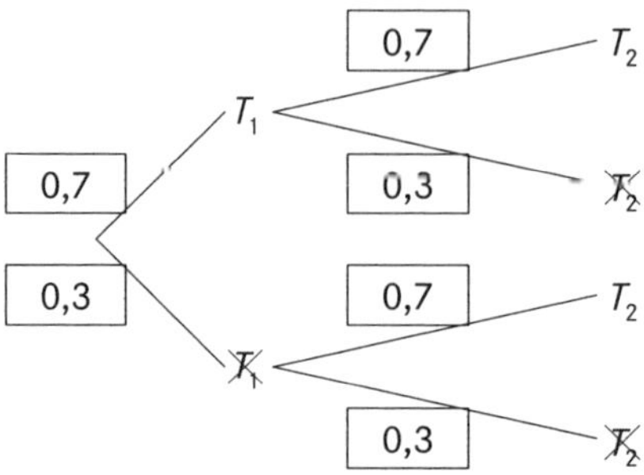

d 2. Die Wahrscheinlichkeit für zwei Treffer berechnet sich nach der Pfadregel durch Multiplikation der Wahrscheinlichkeiten entlang des Pfades mit positivem (gewünschtem) Resultat:

$P(T_1 \text{ und } T_2) = 0{,}7 \cdot 0{,}7 = 0{,}49$

Die Wahrscheinlichkeit, dass der Werfer bei beiden Freiwürfen trifft, beträgt 49 %

d 3. Es gibt zwei Pfade, in denen der Werfer nur einmal trifft, beide Wahrscheinlichkeiten werden einzeln berechnet und addiert:

$P_1(T_1 \text{ und } \overline{T}_2) = 0{,}7 \cdot 0{,}3 = 0{,}21$

$P_2(\overline{T}_1 \text{ und } T_2) = 0{,}3 \cdot 0{,}7 = 0{,}21$

$P_{gesamt} = P_1 + P_2 = 0{,}42$

Die Wahrscheinlichkeit, dass der Werfer nur einmal trifft, beträgt 42 %.

Aufgabe 4 a.

Die Lösung kann aus der Zeichnung abgelesen werden, der gesuchte Wert ist die *y*-Koordinate des Punktes P_0: Das Stahlseil hängt an der tiefsten Stelle 5 m über der Fahrbahn.

Aufgabe 4 b.

Die *x*-Koordinaten der beiden Pfeiler können der Zeichnung entnommen werden, sie betragen −200 bzw. 200. Die Angaben sind in Metern, der Abstand *a* zwischen den Pfeilern beträgt also: $a = 200\,\text{m} + 200\,\text{m} = 400\,\text{m}$.

Aufgabe 4c.

P_1 und P_2 liegen symmetrisch zur y-Achse, P_1 hat also dieselbe y-Koordinate wie P_2, die x-Koordinate hat denselben Betrag, aber unterschiedliches Vorzeichen.
Die Koordinaten des Punktes P_1 betragen also $P_1(-200|80)$.

Aufgabe 4d.

d 1. Von der Parabel ist bekannt, dass sie durch den Punkt $S(0|5)$ geht, dies trifft für die Gleichungen A und B zu. Außerdem ist die Parabel nach oben geöffnet, die Vorzahl von x^2 muss also positiv sein. Die richtige Lösung ist damit B.

d 2. Gleichung A: $y = -0{,}001875x^2 + 5$:
Die Parabel mit dieser Gleichung ist nach unten geöffnet, da die Vorzahl vor x^2 kleiner 0 ist.
Gleichung B: $y = 0{,}001875x^2 - 5$:
Der Scheitelpunkt $S_p(0|-5)$ dieser Parabel liegt unterhalb der x-Achse.

Aufgabe 4e.

Das Dreieck aus P_2, P_3 und dem Schnittpunkt des Pfeilers mit der x-Achse ist rechtwinklig. Gesucht ist die Hypotenuse, die Länge der Katheten kann der Zeichnung entnommen werden:

$$\overline{P_2P_3}^2 = (80\,\text{m})^2 + (100\,\text{m})^2 \Rightarrow \overline{P_2P_3} = \sqrt{(80\,\text{m})^2 + (100\,\text{m})^2} = \sqrt{16\,400\,\text{m}^2} \approx 128{,}06\,\text{m}$$

Die Streckenlänge zwischen den beiden Punkten beträgt ungefähr 128,06 m.

Aufgabe 4f.

Der y-Wert der Befestigungspunkte der Seile am Brückenpfeiler beträgt 48. Die x-Werte der beiden Pfeiler ergeben sich, wenn man 48 in die Funktionsgleichung einsetzt:

$$y = 0{,}002x^2 + 3$$
$$48 = 0{,}002x^2 + 3 \qquad |-3$$
$$45 = 0{,}002x^2$$
$$x^2 = \frac{45}{0{,}002} = 22\,500$$
$$x = \pm\sqrt{x^2} = \pm\sqrt{22\,500} = \pm 150$$

Die Brückenpfeiler stehen im Abstand von jeweils 150 m von der y-Achse. Ihr Abstand beträgt also $2 \cdot 150\,\text{m} = 300\,\text{m}$.

Aufgabe 4 g.

Die Spannweite *s* der Brücke erstreckt sich von einer Nullstelle der Parabel zur nächsten. Zunächst werden also die Nullstellen der Funktionsgleichung berechnet:

$$-0{,}007\,x^2 + 1{,}3\,x = 0$$

$$x(-0{,}007\,x + 1{,}3) = 0$$

$$x_1 = 0 \Rightarrow P_1(0|0)$$

$$-0{,}007\,x_2 + 1{,}3 = 0$$

$$x_2 = \frac{1{,}3}{0{,}007} = 185{,}71 \Rightarrow P_2(185{,}71|0)$$

Die Spannweite der Brücke beträgt ungefähr 185,7 m.

Schnell-Check Prüfungsteil 2 2008

Auf-gabe	Thema			Tipps zum Üben
2 a.	Kreisfläche			Untersuche, wie sich die Kreisfläche verändert, wenn der Radius *r* verdoppelt oder verdreifacht wird. Bestimme den Radius eines Kreises, dessen Fläche 3,14 m^2 beträgt.
2 b.	Kreisumfang			Bestimme den Umfang eines Kreises, dessen Fläche $A = 628\,m^2$ beträgt. Suche im Internet die Durchmesser von 5 Planeten. Berechne die Äquatorlänge dieser Planeten.
2 c.	Kreisberech-nungen			Berechne die nichtbewässerte Fläche nach dem in der Aufgabe gefundenen Lösungsweg.
2 d.	Satz des Pythagoras			Verdopple den in der Aufgabe gegebenen Wert von $r = 225$ m. Wie verändert sich die Größe der nichtbewässerten Fläche, wie verändert sich die Länge der Wasserleitungen?
3 a.	wissenschaft-liche Zahlen-schreibweise			Verschiedene Maße werden in der wissenschaftlichen Schreibweise mit Hilfe von Zehnerpotenzen angegeben: Sonnendurchmesser: $1{,}4 \cdot 10^9$ m (km) Erddurchmesser: $1{,}3 \cdot 10^7$ m (km) Durchmesser eines Regentropfens: 10^{-3} m (mm) Rechne in die in Klammern angegeben Einheit um und schreibe ohne Zehnerpotenzen.

3 b.	Prozent-schreibweise			Schreibe als Dezimalzahl: 10 %, 37,56 %, 0,01 %.
3 c.	Wahrschein-lichkeit			Welche Angabe benötigt man zusätzlich, um von einer relativen Häufigkeit für einen Fehler auf die absolute Anzahl von Fehlern zu schließen?
3 d.	Multiplikation von Wahrschein-lichkeiten			Berechne die vorgegebene Aufgabe, wenn die Trefferwahrscheinlichkeit 80 % bzw. 60 % beträgt.
4 a.	Parabel			Warum kann der Punkt P_0 für den y-Wert keinen negativen Wert annehmen, wenn die Parabel eine Hängebrücke darstellen soll? Beachte die Skizze.
4 b.	Ablesen von Werten einer Parabel			Wie groß wäre der Abstand der Brückenpfeiler für $P_1(100 \mid y)$, $P_1(75 \mid y)$ und $P_1(50 \mid y)$? Beachte die Symmetrieeigenschaft einer Parabel.
4 c.	Symmetrie-eigenschaften einer Parabel			Bestimme rechnerisch 5 weitere Punkte der Parabel mit der Funktionsgleichung $y = 0{,}001875x^2 + 5$. Was gilt für die y-Werte, wenn zwei x-Werte sich nur im Vorzeichen unterscheiden?
4 d.	Funktionsglei-chung einer Parabel			Beschreibe für die folgenden Funktionsgleichungen den Verlauf der Parabeln: $y = 0{,}5x^2 - 1$; $y = 0{,}5x^2 + 1$; $y = -0{,}5x^2 - 1$, $y = -0{,}5x^2 + 1$ Bestimme rechnerisch den Scheitelpunkt.
4 e.	Satz des Pythagoras			Der Satz des Pythagoras gilt für rechtwinklige Dreiecke. Wie kann man ihn einsetzen, wenn man die Länge einer Strecke im Koordinatensystem berechnen möchte?
4 f.	Parabelglei-chungen			Das Stahlseil einer Hängebrücke hat annähernd die Form einer Parabel mit der Funktionsgleichung $y = 0{,}003x^2 + 4$. Wie hoch hängt dieses Seil am Scheitelpunkt über der Fahrbahn? Wie groß ist der Abstand zur Fahrbahn 20 m, 40 m, 80 m und 100 m vom Scheitelpunkt entfernt?
4 g.	Nullstellen einer Parabel			Überlege, wie viele Nullstellen eine Parabel haben kann. Suche Beispiele für die Fälle 2 Nullstellen, 1 Nullstelle, keine Nullstelle.

Bearbeitungs-modus	Alle Aufgaben sind zu bearbeiten
Hilfsmittel	Im Unterricht eingeführter wissenschaftlicher Taschenrechner, Formelsammlung
Bearbeitungszeit	Insgesamt 120 Minuten, davon maximal 30 Minuten für den Prüfungsteil 1, die weiteren Aufgaben werden erst nach Abgabe des Teils 1 ausgehändigt

Prüfungen Typ A

Prüfungsteil 1: Aufgabe 1

Thema	**Algebra, Geometrie, Diagramme**

a. Ein Auto fährt 15 Kilometer in 10 Minuten. Wie viele Kilometer fährt das Auto in einer Stunde, wenn es diese Geschwindigkeit beibehält? Notiere deine Rechnung.

b. 600 Kisten müssen transportiert werden. Der hierfür zur Verfügung stehende LKW kann bis zu 96 Kisten laden. Wie viele Fahrten mit diesem LKW sind mindestens erforderlich, um alle Kisten zu transportieren? Notiere deine Rechnung.

c. Berechne den Umfang des abgebildeten Quadrates.

Notiere deine Rechnung.

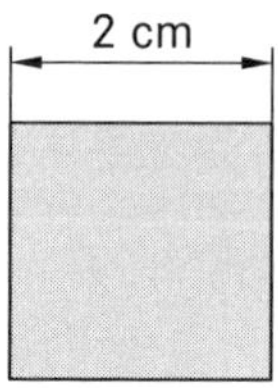

d. Berechne den Flächeninhalt der gesamten grauen Fläche.
Notiere deine Rechnung.

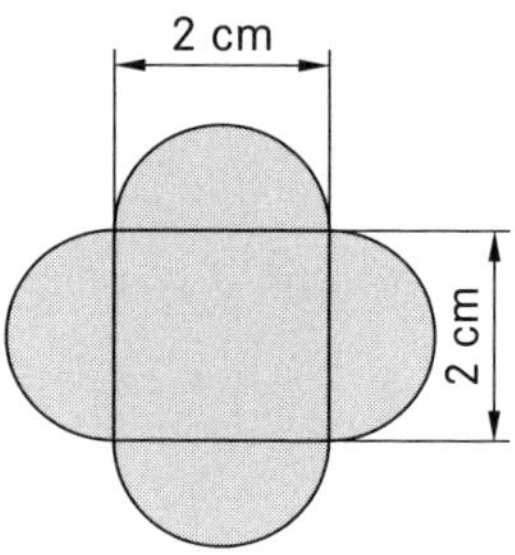

e. Berechne das Volumen des abgebildeten Quaders.
Notiere deine Rechnung.

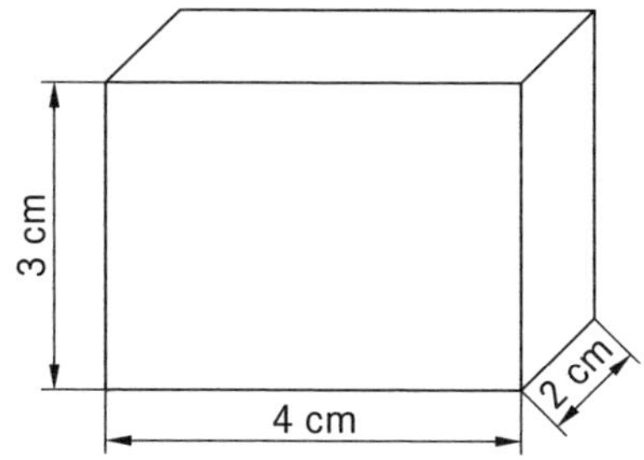

f. Im Diagramm sind die Ergebnisse einer Klassenarbeit dargestellt.

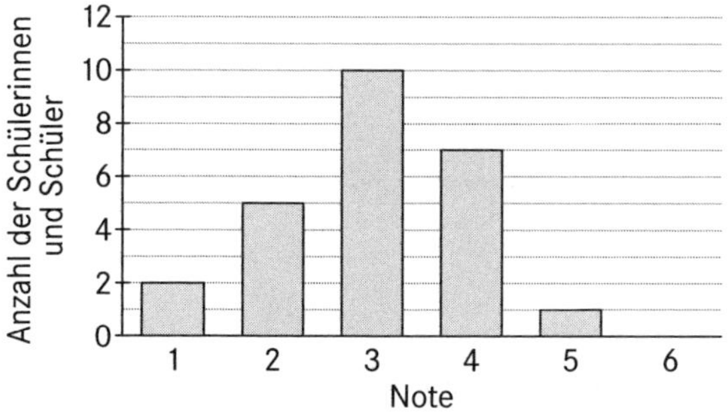

f 1. Wie viele Schülerinnen und Schüler haben die Note 2 geschrieben?

f 2. Wie viele Schülerinnen und Schüler haben diese Klassenarbeit mitgeschrieben? Notiere deine Rechnung.

LÖSUNGSVORSCHLAG

Lösungshinweise

Aufgabe 1 a.

Beachte die proportionale Zuordnung und die Umwandlung von Minuten in Stunden.

Aufgabe 1 b.

Wie oft muss ein LKW mit einer Ladung von 96 Kisten fahren, um 600 Kisten abzutransportieren? Denke beim Runden daran, dass es nur „ganze“ LKW-Fahrten gibt.

Aufgabe 1 c.

Nutze die Formel $U = 4a$.

Aufgabe 1 d.

Die zu berechnende Fläche besteht aus einem Quadrat und vier Halbkreisen (2 ganze Kreise).

Aufgabe 1 e.

Zur Berechnung des Quadervolumens setzt du die aus der Skizze entnommen Seitenlängen ein.

Aufgabe 1 f.

Lies die Daten aus dem Diagramm ab. Die Anzahl der Schülerinnen und Schüler erhältst du, indem du die Summe der Häufigkeit aller Noten bildest.

Ausführliche Lösung

Aufgabe 1 a.

15 km · 6 = 90 km. Das Auto fährt 90 km.

Aufgabe 1 b.

600 : 96 = 6,25
7 Fahrten des LKW sind mindestens erforderlich.

Aufgabe 1 c.

$U = 4a \Rightarrow U = 4 \cdot 2\,\text{cm} = 8\,\text{cm}$
Der Umfang des Quadrates beträgt 8 cm.

Aufgabe 1 d.

Die Fläche besteht aus einem Quadrat mit der Seitenlänge 2 cm und vier Halbkreisen mit dem Radius 1 cm.
Quadrat: $A_1 = a^2 \Rightarrow A_1 = 2\,\text{cm} \cdot 2\,\text{cm} = 4\,\text{cm}^2$
Halbkreise: $A_2 = \frac{1}{2}\pi r^2 \Rightarrow A_2 = \frac{1}{2}\pi(1\,\text{cm})^2 \approx 1{,}57\,\text{cm}^2$
Gesamtfläche: $A_{ges} = A_1 + 4 \cdot A_2 \Rightarrow A_{ges} = 4\,\text{cm}^2 + 6{,}28\,\text{cm}^2 = 10{,}28\,\text{cm}^2$

Aufgabe 1 e.

$V = a \cdot b \cdot c \Rightarrow V = 2\,\text{cm} \cdot 3\,\text{cm} \cdot 4\,\text{cm} = 24\,\text{cm}^3$

Aufgabe 1 f.

f 1. 5 Schülerinnen und Schüler haben eine 2 geschrieben.

f 2. 2 + 5 + 10 + 7 + 1 = 25 Schülerinnen und Schüler haben diese Arbeit mitgeschrieben.

Schnell-Check Prüfungsteil 1 Typ A 2008

Aufgabe	Thema			Tipps zum Üben
1 a.	Proportionale Zuordnung			Berechne, wie viele Kilometer dieses Auto in 2 Stunden, 3 Stunden, einer halben Stunde und in einer Viertelstunde gefahren ist. Wie viele Kilometer fährt es in den angegebenen Zeiträumen, wenn es 20 km in 10 Minuten zurücklegt?
1 b.	Proportionale Zuordnung			Wenn der LKW nur die Hälfte der Kistenanzahl bei einer Fahrt befördern kann, wie viele Fahrten müssten durchgeführt werden, um die 600 Kisten zu befördern? Wie viele Fahrten würden es, wenn der LKW die doppelte Anzahl an Kisten mit einer Fahrt transportierten könnte?
1 c.	Umfang			Wie verändert sich der Umfang und der Flächeninhalt des Quadrates, wenn die Seitenlänge verdoppelt, verdreifacht, vervierfacht wird?
1 d.	zusammengesetzte Flächen			Wie verändert sich der Flächeninhalt der Gesamtfläche, wenn die Seitenlänge des Quadrates verdoppelt wird? Stelle vorher eine Vermutung auf.
1 e.	Volumen			Wie verändert sich das Volumen eines Quaders mit $a = 2\,\text{cm}$, $b = 3\,\text{cm}$ und $c = 4\,\text{cm}$ wenn ■ jede der drei Kantenlängen verdoppelt wird ■ nur eine Kantenlänge verdoppelt wird und zwei Kantenlängen beibehalten werden ■ zwei Kantenlängen verdoppelt werden und eine Kantenlänge beibehalten wird Gib die Veränderungen in Prozentsätzen an.
1 f.	Daten und Diagramme			Fertige ein Diagramm für eine Klasse mit 30 Schülerinnen und Schülern an. In dieser Klasse ist die Klassenarbeit folgendermaßen ausgefallen: Sehr gut 2, gut 6, befriedigend 10, ausreichend 6, mangelhaft 4 und ungenügend 2. Berechne, welcher Prozentanteil auf jede Note entfällt.

Prüfungsteil 2: Aufgabe 2

Thema	Daten und Diagramme

Im Diagramm sind Beitragssätze zur Krankenversicherung aus dem Zeitraum 1970 bis 2005 dargestellt.

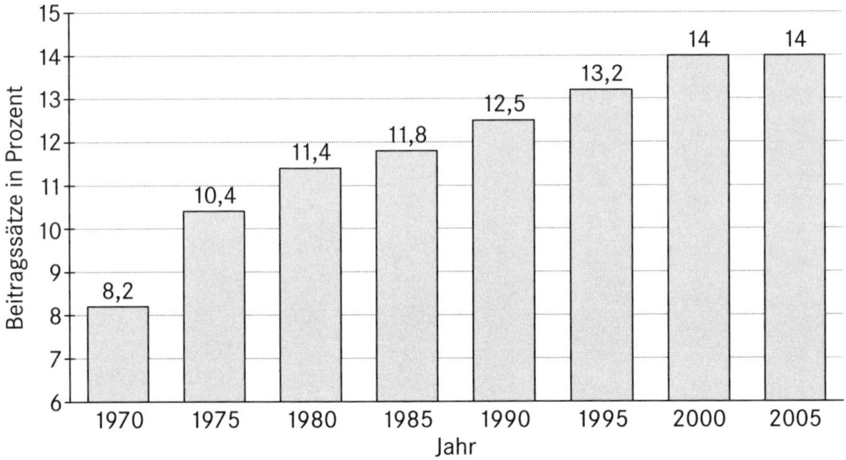

a. Wie hoch war der Beitragssatz im Jahr 1980?

b. Tom sagt: „Von 1970 bis 2000 hat sich der Beitragssatz mehr als verdoppelt." Stimmt das? Begründe deine Aussage.

c. Im Jahr 2005 mussten 14% des Bruttolohns an die Krankenversicherung bezahlt werden. Die Hälfte davon muss der Arbeitnehmer selber zahlen.
Ein Dachdecker hatte einen Bruttolohn von 2200 €.
Wie viel Euro musste er an die Krankenversicherung zahlen? Notiere deine Rechnung.

d. 20 % der Arbeitnehmer haben eine Zusatzversicherung.

d 1. Welches der folgenden Diagramme entspricht diesem Sachverhalt?
Notiere den Lösungsbuchstaben in deinen Unterlagen.

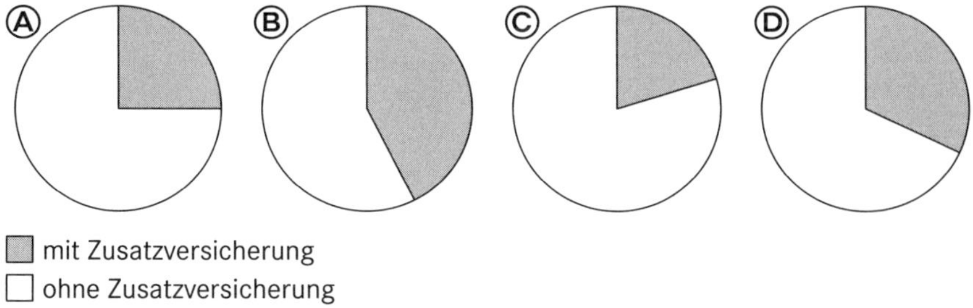

d2. Welche der folgenden Aussagen treffen zu? Notiere die Lösungsbuchstaben der richtigen Aussagen in deinen Unterlagen.

A	Jeder fünfte Arbeitnehmer hat eine Zusatzversicherung.
B	Jeder zwanzigste Arbeitnehmer hat eine Zusatzversicherung.
C	Ein Fünftel der Arbeitnehmer hat eine Zusatzversicherung.
D	20 Arbeitnehmer haben eine Zusatzversicherung

Prüfungsteil 2: Aufgabe 3

Thema	Geometrie

Maren bastelt Sterne aus Pappe. Sie zeichnet dazu ein Quadrat. An die vier Seiten des Quadrats zeichnet sie gleich große Dreiecke.

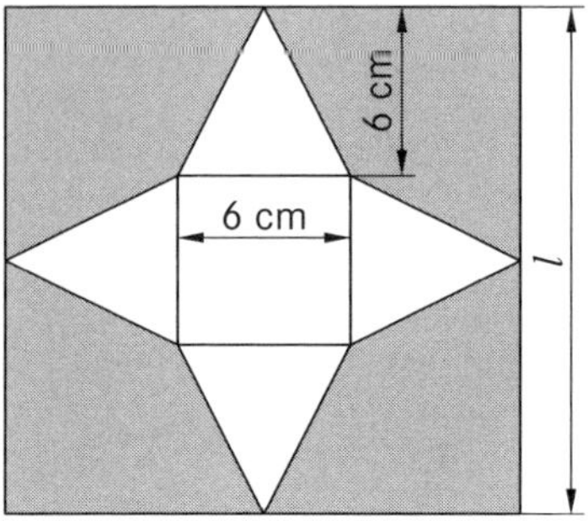

a. Berechne die Seitenlänge l der oben abgebildeten Pappe.
Notiere deine Rechnung.

b. Berechne den Flächeninhalt des Sterns.
Notiere deine Rechnung.

c. Maren klappt das Dreieck nach innen.

c1. Zeichne das weiße Quadrat, auf dem ein vollständig umgeklapptes Dreieck liegt, in Originalgröße.

c2. Wie viel Prozent der Quadratfläche werden durch die Dreiecksfläche bedeckt?

Wenn Maren alle vier Dreiecke hochklappt, entsteht eine Pyramide.

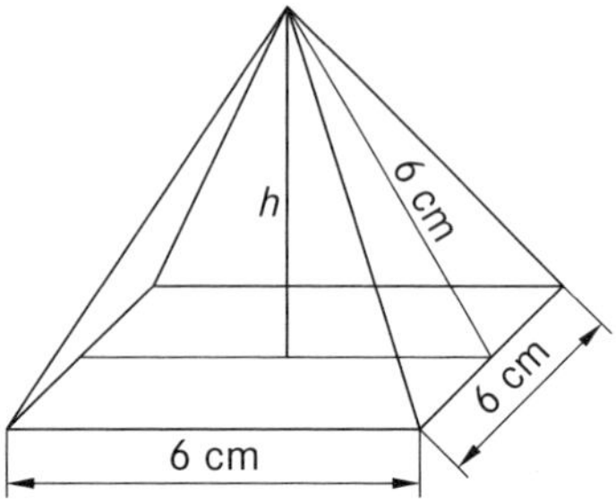

d. Bestätige durch eine Rechnung, dass die Höhe h der Pyramide ca. 5,2 cm beträgt.

e. Berechne das Volumen dieser Pyramide ($h \approx 5{,}2$ cm). Notiere deine Rechnung.

Prüfungsteil 2: Aufgabe 4

Thema	Funktionen

Die Eintrittspreise im Freizeitbad WATERWORLD werden nach der folgenden Regel berechnet:

- bis zwei Stunden: 6,00 €
- für jede weitere angefangene Stunde zusätzlich: 2,00 €

a. Welches Schaubild stellt die Eintrittspreise am besten dar?
Notiere den Lösungsbuchstaben in deinen Unterlagen.

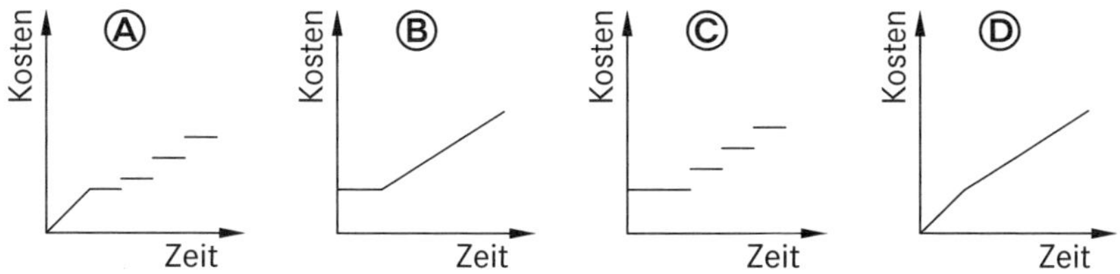

b. Eine Tageskarte im Freizeitbad WATERWORLD kostet 15 €.

b 1. Franzi will 5 Stunden ins Freizeitbad gehen. Lohnt sich der Kauf einer Tageskarte für sie? Begründe deine Antwort.

b 2. Marco kauft sich um 9:25 Uhr eine Tageskarte. Bis wie viel Uhr muss er mindestens im Freizeitbad WATERWORLD bleiben, damit sich der Kauf der Tageskarte lohnt? Notiere deine Rechnung.

c. Im Jahr 2006 zählte das Freizeitbad WATERWORLD insgesamt 182 880 Badegäste.

c 1. Wie viel Euro hat das Freizeitbad im Jahr 2006 mindestens eingenommen? Notiere deine Rechnung.

c 2. Wie hoch war die durchschnittliche Zahl der Badegäste pro Monat im Jahr 2006? Notiere deine Rechnung.

c 3. Für das Jahr 2007 wird erwartet, dass die Zahl der Badegäste um 5 % steigt. Wie viele Besucher werden im Jahr 2007 erwartet? Notiere deine Rechnung.

d. Die Länge einer Bahn im Freizeitbad WATERWORLD beträgt 25 m.

d 1. Wie viele Bahnen muss Franzi schwimmen, um eine Strecke von 1 km zurückzulegen? Notiere deine Rechnung.

d 2. Franzi braucht für die ersten vier Bahnen insgesamt zwei Minuten. Wie lange braucht sie für die gesamte Strecke (1 km), wenn sie dieses Tempo gleichmäßig halten kann? Notiere deine Rechnung.

LÖSUNGSVORSCHLAG

Lösungshinweise

Aufgabe 2 a.

Die Höhe des gesuchten Beitragssatzes für das Jahr 1980 kannst du dem Diagrammbalken über 1980 entnehmen.

Aufgabe 2 b.

Entnehme den Beitragssatz für 1970 und für 2000 dem Diagramm und vergleiche.

Aufgabe 2 c.

Der Dachdecker bezahlt für seinen Krankenkassenbeitrag 7 % seines Monatsgehaltes.

Aufgabe 2 d.

Die gesamte Kreisfläche (360°) entspricht 100 %. Benutze zur Lösung einen Winkelmesser. Denke an den Zusammenhang: $1\,\% = \frac{1}{100}$.

Aufgabe 3 a.

Die Länge *l* setzt sich aus drei Einzellängen zusammen, die du der Skizze entnehmen kannst.

Aufgabe 3 b.

Der Flächeninhalt des Sterns besteht aus den Teilflächen: ein Quadrat und 4 gleich große Dreiecke. Die Seitenlänge des Quadrates und die Höhe eines Dreiecks kannst du der Skizze entnehmen.

Aufgabe 3 c.

Berechne zuerst die Fläche des Quadrates mit der Seitenlänge 6 cm, danach das Dreieck mit $g = 6$ cm und $h = 6$ cm, danach den Prozentsatz.

Aufgabe 3 d.

Mithilfe des Satzes des Pythagoras kannst du die Höhe *h* der Pyramide bestimmen.

Aufgabe 3 e.
Die Höhe der Pyramide entnimmst du der Aufgabe 3 d., benutze dann die Formel für das Volumen einer Pyramide.

Aufgabe 4 a.
Das zutreffende Schaubild kannst du daran erkennen, dass die Kosten für 2 Stunden konstant bleiben und dann in gleichmäßigen Abständen schrittweise ansteigen.

Aufgabe 4 b.
Berechne zunächst, ab wie viel Stunden Aufenthalt die Kosten nach der Berechnungsregel über 15 € liegen.

Aufgabe 4 c.
Jeder Badegast bezahlt mindestens 6 € pro Besuch. Berechne den Durchschnitt durch Division der Besucherzahlen durch die Anzahl der Monate, den Prozentwert mit der entsprechenden Formel.

Aufgabe 4 d.
Rechne den Kilometer in Meter um.

Ausführliche Lösung

Aufgabe 2 a.

Der Beitragssatz 1980 betrug 11,4 %.

Aufgabe 2 b.

1970: Beitragssatz 8,2 %
2000: Beitragssatz 14 %
Der Beitragssatz hat sich nicht verdoppelt, denn dies würde bedeuten, dass er auf 16,4 % hätte steigen müssen.

Aufgabe 2 c.

Für den Prozentwert W gilt die Formel $W = \frac{G \cdot p}{100}$, hier ist der Grundwert $G = 2200$ €, der Prozentsatz $p = 7\,\%$.

Damit gilt: $P = \frac{2200\text{ €} \cdot 7}{100}$, der Beitrag beträgt 154 € monatlich.

Aufgabe 2 d.

d 1. Die Lösung ist C, hier sind 20 % des Kreises gefärbt, dies entspricht $\frac{1}{5}$ oder einem Kreissegment mit dem Winkel 72°.

d 2. A: trifft zu

B: trifft nicht zu, jeder zwanzigste Mitarbeiter wären 5 %

C: trifft zu

D: trifft nicht zu, über die absolute Anzahl von Personen kann mit Prozentzahlen nichts gesagt werden.

Aufgabe 3 a.

Seitenlänge des Quadrates: 6 cm, Höhe des Dreiecks: 6 cm. Die Gesamtlänge besteht aus einmal der Länge des Quadrats und zweimal der Länge des Dreiecks, also gilt: $L = 3 \cdot 6\text{ cm} = 18\text{ cm}$. Die Gesamtlänge beträgt 18 cm.

Aufgabe 3 b.

Die Fläche besteht aus einem Quadrat und vier Dreiecken mit einer Grundseite von 6 cm und einer Höhe von 6 cm:

$$A = (6\text{ cm})^2 + 4 \cdot \frac{6\text{ cm} \cdot 6\text{ cm}}{2}$$

$$= 36\text{ cm}^2 + 4 \cdot 18\text{ cm}^2$$

$$= 108\text{ cm}^2$$

Der Flächeninhalt beträgt 108 cm^2.

Aufgabe 3 c.

c 2. Flächeninhalt Quadrat (Grundwert): $36\,cm^2$, Flächeninhalt Dreieck (Prozentwert): $18\,cm^2$

Prozentsatz: $p = \frac{W \cdot 100}{G}$

$\Rightarrow p = \frac{18\,cm^2 \cdot 100}{36\,cm^2} = 50\,\%.$

50 % der Quadratfläche wird von der Dreiecksfläche bedeckt.

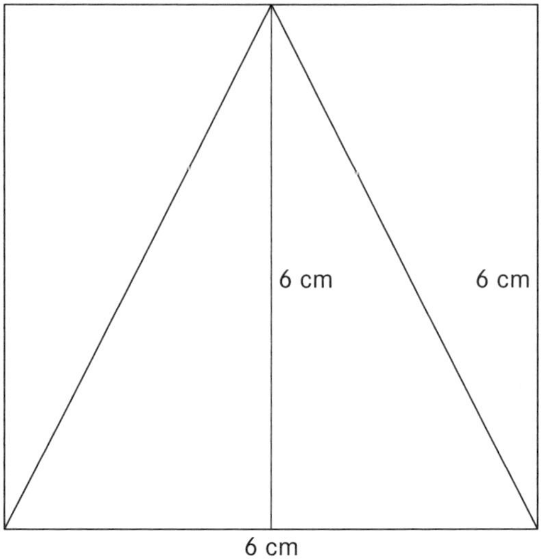

Aufgabe 3 d.

$h^2 = 6^2 - 3^2 = 27 \Rightarrow h \approx 5{,}2\,cm$

Aufgabe 3 e.

$V = \frac{1}{3} \cdot G \cdot h$, also

$V = \frac{1}{3} \cdot (6\,cm)^2 \cdot 5{,}2\,cm$

$= \frac{1}{3} \cdot 36\,cm^2 \cdot 5{,}2\,cm \approx 62{,}4\,cm^3$

Aufgabe 4 a.

Die Lösung ist C: Die Kosten bleiben für zwei Stunden konstant und steigen dann schrittweise.

Aufgabe 4 b.

b 1. Franzi zahlt im Regeltarif für 5 Stunden Aufenthalt: 6 € + 3 · 2 € = 12 €, da der Betrag von 12 € geringer ist als der Betrag von 15 €, lohnt sich der Kauf einer Tageskarte nicht.

b 2. 6 Stunden Aufenthalt kosten im Regeltarif 14 €, über 6 Stunden (mit einer angefangenen 7. Stunde) 16 €, sodass sich dann die Tageskarte lohnt.
9:25 Uhr + 6 h = 15:25 Uhr, bis 15:26 Uhr muss Marco mindestens im Schwimmbad bleiben, damit sich die Tageskarte lohnt.

Aufgabe 4 c.

c 1. Jeder Badegast zahlt mindestens 6 € Eintritt, das Schwimmbad hat also mindestens 182 880 · 6 € = 1 097 280 € Einnahmen.

c 2. 182 880 : 12 = 15 240, im Durchschnitt hatte WATERWORLD 15 240 Besucher pro Monat.

c 3. 182 880 · 1,05 = 192 024 Besucher oder:

Anzahl der zusätzlichen Besucher 2007: $P = \frac{182\,880 \cdot 5}{100} = 9144$

Anzahl der Besucher 2007 insgesamt: 182 880 + 9144 = 192 024.

Aufgabe 4 d.

d 1. 1000 m : 25 m = 40: Franzi schwimmt 40 Bahnen.

d 2. 4 Bahnen sind 100 m, dies ist ein Zehntel von 1000 m. Schwimmt Franzi also 100 m in 2 Minuten, so braucht sie für 1000 m 20 Minuten.

Schnell-Check Prüfungsteil 2 Typ A 2008

Aufgabe	Thema			Tipps zum Üben
2 a.	Diagramme			Gib die Höhe der Beitragsätze für die Jahre 1975, 1985, 1990, 1995 und 2005 an.
2 b.	Prozentrechnung			Wiederhole die Formeln zur Prozentrechung. Berechne, um wie viel Prozent der Beitrag jeweils gestiegen ist. Beginne mit dem Jahr 1970.
2 c.	Prozentrechnung			Im Jahr 2008 mussten 15,5 % des Bruttolohnes für die Krankenversicherung bezahlt werden. 8,3 % bezahlte ein Arbeitnehmer. Wie viel Euro musste eine Krankenschwester mit einem Monatsgehalt von 2100 € an die Krankenkasse zahlen und wie viel der Arbeitgeber?
2 d.	Prozentrechnung			Berechne die gestellte Aufgabe, wenn 25 % der Arbeitnehmer eine Zusatzversicherung haben. Stelle im Kreisdiagramm verschiedene Prozentsätze dar: 20 %, 30 %, 50 %, 75 % und 90 %. Auf welches Diagramm trifft die Aussage zu: drei Viertel der Arbeitnehmer haben ein Zusatzversicherung?
3 a.	Längen			Verändere die Maße und berechne die Länge *L* für eine Seitenlinie des Quadrates von 7 cm und eine Dreieckshöhe von 7cm. Um wie viel Prozent hat sich die Fläche vergrößert?
3 b.	Flächen			Verdopple die Seitenlänge des Quadrates und die Höhe der Dreiecke. Um wie viel Prozent nimmt der Flächeninhalt des Sterns im Vergleich zum Flächeninhalt von 108 cm^2 zu?

Ausführliche Lösung

Aufgabe 1 a.

Die unregelmäßige Fläche an der rechten Seite der Figur entspricht der Aussparung an der linken. Die Figur hat also den gleichen Flächeninhalt wie ein Rechteck, dessen Breite der oberen Kante der Figur entspricht und dessen Höhe gleich der Höhe der Figur ist. Diese Längen können gemessen werden. Der Flächeninhalt A beträgt also:
$A = 6\,\text{cm} \cdot 3{,}3\,\text{cm} = 19{,}8\,\text{cm}^2$
Die Fläche der Figur beträgt ungefähr $20\,\text{cm}^2$.

Aufgabe 1 b.

Die Sekretärin schreibt bei einer Anschlaggeschwindigkeit von 230 Zeichen pro Minute den Text in 13 Minuten (er hat also 2990 Zeichen). Wer 300 Anschläge in einer Minute schreibt, benötigt weniger Zeit (antiproportionales Verhältnis). Die Zeit kann mit dem Dreisatz berechnet werden:

	Anschläge pro Minute	Zeit für 2990 Zeichen	
:23	230	13 min	·23
·30	10	299 min	:30
	300	ca. 10 min	

Man benötigt ungefähr 10 Minuten für den Text, wenn man 300 Anschläge pro Minute schreibt.

Aufgabe 1 c.

Ein Jahr hat $365 \cdot 24 = 8760$ Stunden. 70 Jahre entsprechen also $8760 \cdot 70 = 613\,200$ Stunden. 600 000 Stunden ist damit die richtige Lösung.

Aufgabe 1 d.

Der Innenwinkel der Fläche im Kreisdiagramm, die die grünen Stühle darstellt, beträgt ca. 103°. 360° stehen für alle 245 Stühle. Mithilfe des Dreisatzes kannst du die Anzahl der Stühle bestimmen, die zu dem Kreisausschnitt mit 103° gehören:

245 Stühle $\cdot \frac{103°}{360°} = 70$ Stühle. Die Firma verkaufte im Januar 2009 70 grüne Bürostühle.

Aufgabe 1 e.

Da die Grundgebühr 10 € beträgt, werden von den Gesamtkosten 6,60 € für die 44 Gespräche gezahlt. Durch Division erhält man den Betrag, der für jedes Gespräch zu zahlen ist:

$$\frac{16{,}60\text{ €} - 10{,}00\text{ €}}{44} = \frac{6{,}60\text{ €}}{44} = 0{,}15\text{ €}.$$

Der Grundbetrag pro Gespräch beträgt 0,15 €.

Aufgabe 1 f.

f 1. Eine Beispielzahl, bei der Nina und Max das gleiche Ergebnis erhalten, ist 1,1:
Nina rechnet: $1{,}1 \cdot 2 = 2{,}2 \approx 2$
Martin rechnet: $1{,}1 \approx 1;\ 1 \cdot 2 = 2$

f 2. Eine Beispielzahl, bei der Nina und Max ein unterschiedliches Ergebnis erhalten, ist 2,4:
Nina rechnet: $2{,}4 \cdot 2 = 4{,}8 \approx 5$
Martin rechnet: $2{,}4 \approx 2;\ 2 \cdot 2 = 4$

f 3. Wenn bei dem einen Rechenweg ab- und bei dem anderen aufgerundet wird, so beträgt die Differenz der Ergebnisse 1. Dies ist also die größtmögliche Differenz.

Schnell-Check Prüfungsteil 1 2009

Aufgabe	Thema			Tipps zum Üben
1 a.	Flächeninhalt			Zeichne drei unvollständige Rechtecke, ergänze sie zu Rechtecken, entnimm den Skizzen die Maße und berechne jeweils ihren Flächeninhalt.
1 b.	Dreisatz			Suche drei Beispiele für antiproportionale Sachverhalte und drei Beispiele für proportionale. Formuliere Aufgaben und berechne.
1 c.	Schätzung, Überschlag, Einheiten			Deutschland hat ca. 1,3 Billionen € Schulden. Schätze, wie viele Schulden damit rechnerisch jeder einzelne Bürger hat. Entnimm dem Internet die aktuelle Einwohnerzahl und berechne. Vergleiche deine Schätzung mit der Rechnung.
1 d.	Diagramme			Erstelle ein neues Diagramm. Verändere dabei die Anteile der verschiedenen Farben. Wähle für grüne Stühle einen Anteil von 22 %, für gelbe 31 %, für blaue 13 % und für rote 34 %. Wie groß ist die Anzahl Stühle in jeder Farbe bei diesem Verhältnis, wenn 300 Stühle verkauft werden?
1 e.	lineare Berechnungen			Frau Gehring wählt einen anderen Tarif mit 8 € (12 €) Grundgebühr. Wie teuer ist nun jedes der 44 Gespräche, wenn die Rechnungssumme gleich bleibt?
1 f.	Runden			Vervollständige die Tabelle: Trage in die zweite Zeile die Ergebnisse ein, wenn die folgenden Zahlen zuerst auf eine ganze Zahl gerundet und dann quadriert werden, in die zweite, wenn zuerst quadriert und dann gerundet wird. Vergleiche die Ergebnisse.

2,1	2,2	2,3	2,4	2,5	2,6	2,7	2,8

Prüfungsteil 2: Aufgabe 2

Thema	Wahrscheinlichkeitsrechnung, Funktionen

Die Geschwindigkeitsanzeige eines Autotachometers ist überprüft worden, indem sie mit einer genaueren GPS-Messung verglichen wurde.

Tacho-Anzeige in $\frac{km}{h}$	GPS-Messung in $\frac{km}{h}$	Differenz der Geschwindigkeitswerte in $\frac{km}{h}$
20	17,9	
50	45,6	
125	119,0	

a. Trage die Differenzen der Geschwindigkeitswerte zwischen Tacho-Anzeige und GPS-Messung in die Tabelle ein. 1 P

b. Bei welcher Geschwindigkeit ist die prozentuale Abweichung von der GPS-Messung am größten? Begründe deine Entscheidung mit einer Rechnung. 4 P

c. Der Tacho im Auto darf eine höhere Geschwindigkeit anzeigen, als wirklich gefahren wird. Die Vorschrift besagt:

> Der Tacho darf die tatsächliche Geschwindigkeit um 10 % zuzüglich 4 $\frac{km}{h}$ überschreiten.

c 1. Welche Geschwindigkeit darf der Tacho höchstens anzeigen, wenn tatsächlich mit 50 $\frac{km}{h}$ gefahren wird? Notiere deine Rechnung. 3 P

c 2. Ein Tacho hält die Vorschrift ein und zeigt 94 $\frac{km}{h}$ an. Wie groß ist die tatsächliche Geschwindigkeit mindestens? Notiere deine Rechnung. 3 P

c 3. Anna, Mehmet und Jessica haben jeweils eine Formel aufgestellt, um die maximal zulässige Tacho-Anzeige a zu berechnen, wenn die tatsächliche Geschwindigkeit v beträgt: 4 P

Anna: $a = v + v : 10 + 4$

Mehmet: $a = 1{,}1 \cdot v + 4$

Jessica: $a = v \cdot 1{,}04$.

Welche Formel ist falsch? Begründe.

d. In einer Werkstatt werden Tachos überprüft. Die Prüfer wissen aus Erfahrung, dass 95 % aller Tachos in Ordnung („i. O.") sind. Heute müssen sie zwei Tachos überprüfen.

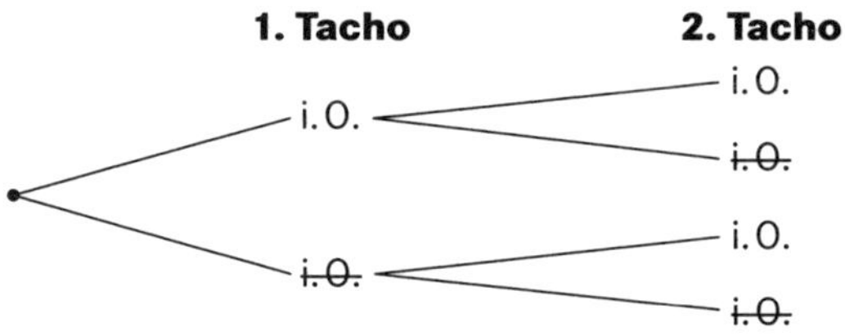

d 1. Trage im Baumdiagramm an allen Zweigen die Wahrscheinlichkeiten ein. 2 P

d 2. Wie wahrscheinlich ist es, dass beide Tachos in Ordnung sind? Notiere deine Rechnung. 2 P

d 3. Wie wahrscheinlich ist es, dass ein Tacho in Ordnung ist und der andere nicht? Notiere deine Rechnung. 2 P

Prüfungsteil 2: Aufgabe 3

Thema	Geometrie

In einem runden Turm befindet sich eine Wendeltreppe, die von ganz unten bis zur Aussichtsplattform ins Freie führt. Der Turm und die Treppe werden in den Skizzen vereinfacht dargestellt.

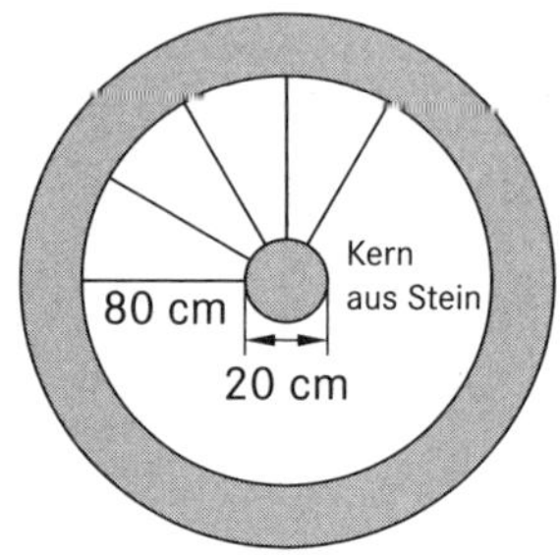

Der Turm hat folgende Maße:

- Die Außenwand des Turmes ist 30 cm dick.
- Genau 12 Stufen ergeben zusammen eine vollständige Drehung (360°).
- Jede Stufe ist 18 cm hoch; alle Stufen haben die gleichen Maße.
- Die Aussichtsplattform befindet sich 16,20 m über dem Boden des Erdgeschosses und wird von einem Geländer begrenzt.

(Weitere Maße befinden sich in der oberen Skizze.)

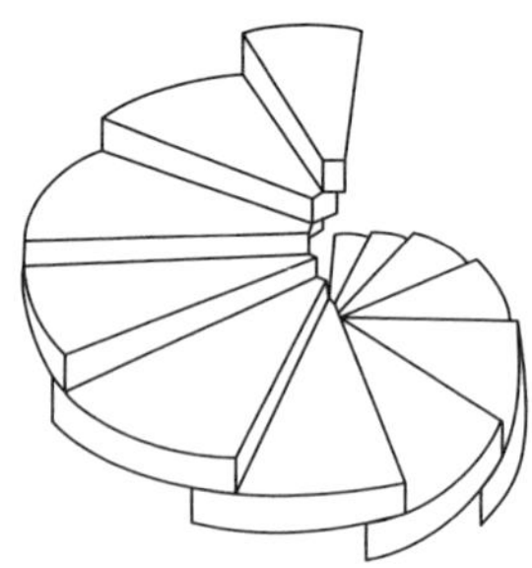

a. Zeige, dass der äußere Umfang des Turms ungefähr 7,5 m beträgt. 4 P

b. Die Außenmauer des fensterlosen Turms soll gestrichen werden. Berechne den Inhalt der Fläche, die gestrichen werden soll. 4 P

c. Wie viele Stufen hat die Treppe insgesamt? Notiere deine Rechnung. 2 P

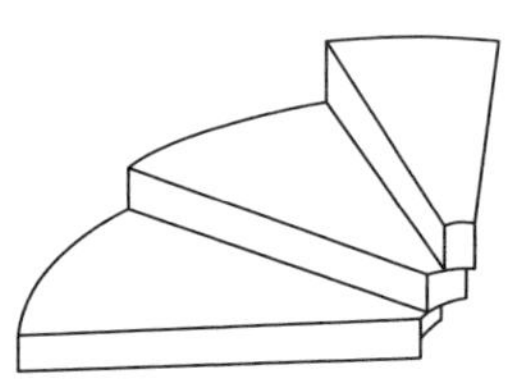

d. Herr Meyerbohm ist 2,02 m groß. Kann er auf der Treppe aufrecht stehen, ohne mit dem Kopf an die Stufe über sich zu stoßen? Notiere deine Rechnung. 3 P

e. Betrachte nun die gesamte Trittfläche einer Stufe.

e1. Konstruiere diese Trittfläche im Maßstab 1 : 10. Zeichne in deine Unterlagen. 4 P

e2. Berechne den Inhalt der Trittfläche einer Stufe. 4 P

Prüfungsteil 2: Aufgabe 4

Thema	Quadratische Funktionen, Prozentrechnung

Der Innenraum der „Parabelkirche“ ist renoviert worden. Die Kirche wird so bezeichnet, weil in ihr eine Vielzahl parabelförmiger Bögen zu sehen ist.

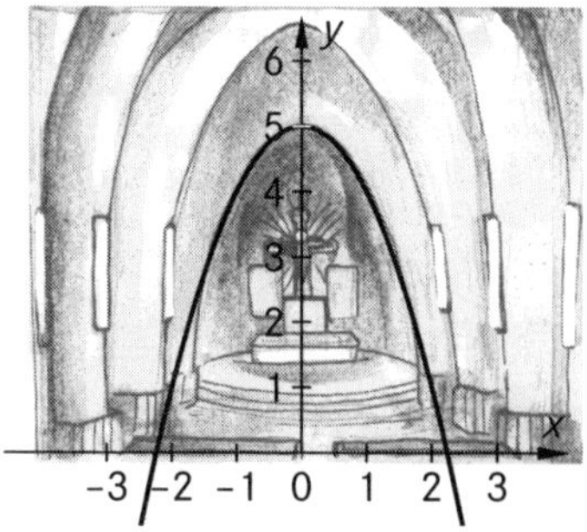

Bild 1

a. Im hinteren Teil der Kirche befindet sich der niedrigste Bogen (Bild 1). Durch welche der folgenden Gleichungen lässt sich die in Bild 1 eingezeichnete Parabel in dem gewählten Koordinatensystem näherungsweise beschreiben? 2 P

(I) $y = x^2 + 5$

(II) $y = -x^2 + 5$

(III) $y = -x^2 + 5 \cdot x$

Begründe deine Entscheidung.

Bild 2

b. Die Bögen im Hauptraum der Kirche sind deutlich höher (Bild 2). In einem geeigneten Koordinatensystem, dessen x-Achse auf dem Boden der Kirche verläuft, kann die in Bild 2 eingezeichnete Parabel näherungsweise durch die folgende Gleichung beschrieben werden:

$y = -0{,}2 \cdot x^2 + 28$

(Werte für x und y in Metern)

Bild 3

b 1. Wie hoch ist der Bogen, in den die Parabel gezeichnet wurde? 4 P

b 2. Zeichne das geeignete Koordinatensystem mit Einteilung der Achsen in Bild 2 ein. 3 P

b 3. In 25,50 m Höhe wurde ein Gerüst in diesem Bogen aufgebaut, um die Decke zu streichen (Bild 3). 4 P

Wie breit kann die Arbeitsfläche des Gerüstes höchstens sein? Notiere deine Rechnung.

c. Die mit der Renovierung beauftragte Firma schickt dem Bauherrn eine Rechnung über 40 000 €. Der Bauherr vereinbart mit der Firma, dass er den Rechnungsbetrag auch deutlich später bezahlen darf. Bis zur Zahlung wird der Rechnungsbetrag allerdings monatlich mit 0,75 % verzinst.

c 1. Wie viel müsste der Bauherr nach einem Monat zahlen, wie viel nach zwei Monaten? 3 P
Notiere deine Rechnung.

c 2. Wie viel müsste der Bauherr nach einem halben Jahr zahlen? 3 P
Notiere deine Rechnung.

c 3. Gib eine Funktionsgleichung an, mit der berechnet werden kann, wie viel der Bauherr nach x Monaten zahlen müsste. 2 P

Aufgabe 3 c.

Die Höhe des Turms (16,20 m) wird durch die Höhe einer Stufe dividiert, um die Anzahl der Stufen zu erhalten:
16,2 m : 0,18 m = 90
Die Treppe besteht aus 90 Stufen.

Aufgabe 3 d.

Zwischen der Oberseite der ersten Stufe und der Unterseite der 13. Stufe liegen 11 Stufen. Die „lichte" Höhe beträgt somit 11 · 18 cm = 198 cm. Herr Meyerbohm kann dort also nicht aufrecht stehen, da seine Körpergröße 2,02 m beträgt.

Aufgabe 3 e.

e 1. Die gesuchte Fläche ist ein Kreisausschnitt, für den gilt:
$r_{außen}$ = 90 cm (Breite einer Stufe plus den halben Durchschnitt des Steinkerns)
r_{innen} = 10 cm (halber Durchschnitt des Steinkerns)
Mittelpunktswinkel 30° (360° : 12)
Für die Zeichnung im Maßstab 1:12 gilt also: $r_{außen}$ = 9 cm und r_{innen} = 1 cm.

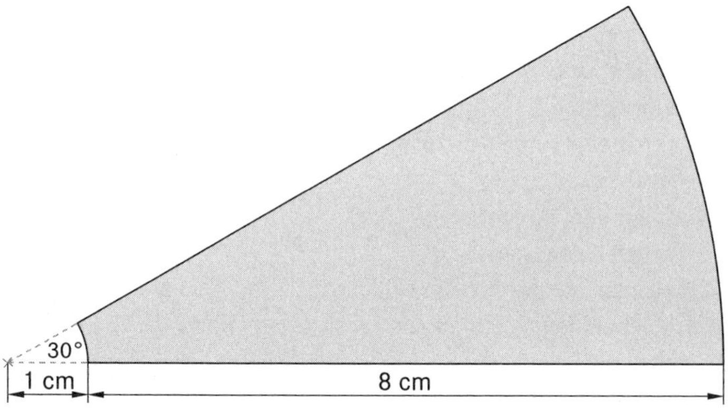

e 2. Zur Berechnung des Flächeninhalts einer Trittfläche bestimmt man den Kreisausschnitt mit dem Außenradius und zieht den Kreisausschnitt mit dem Innenradius ab:

$$A = \pi \cdot r^2_{\text{außen}} \cdot \frac{30}{360} - \pi \cdot r^2_{\text{innen}} \cdot \frac{30}{360} = \frac{\pi \cdot r^2_{\text{außen}} - \pi \cdot r^2_{\text{innen}}}{12}$$

$$A = \frac{\pi \cdot (90\,\text{cm})^2 - \pi \cdot (10\,\text{cm})^2}{12}$$

$$A = 2094{,}36\,\text{cm}^2 \approx 2100\,\text{cm}^2$$

Eine Stufe hat eine Trittfläche von etwa $2100\,\text{cm}^2$.

Aufgabe 4 a.

Die Parabel ist nach unten geöffnet, der Term vor dem x^2 muss also negativ sein. Damit scheidet (I) aus. Der Scheitelpunkt ist ein Maximum und liegt auf der y-Achse, für $x = 0$ muss also der Maximalwert für y erreicht werden, was bei (III) nicht der Fall ist. Die richtige Gleichung ist also (II).

Aufgabe 4 b.

b 1. Die Höhe des Bogens entspricht der y-Koordinate des Scheitelpunktes, der Scheitelpunkt liegt auf der y-Achse, also bei $x = 0$.
Die y-Koordinate berechnet sich damit wie folgt:
$y = -0{,}2 \cdot x^2 + 28$ mit $x = 0$:
$y = -0{,}2 \cdot 0^2 + 28 = 28$.
Der Bogen hat somit eine Höhe von 28 m.

b 2. Die x-Achse liegt auf dem Kirchenboden, die y-Achse ist die bereits eingezeichnete Mittelachse. Zur Einteilung der Achsen sind die Koordinaten des Scheitelpunktes und der Nullpunkte wichtig.

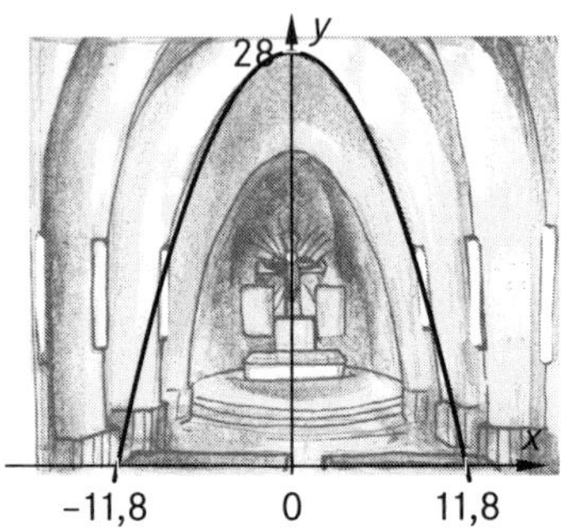

Scheitelpunkt: $S(0\,|\,28)$ (Aufgabe b 1.)
Nullstellen: $y = -0{,}2 \cdot x^2 + 28$ mit $y = 0$:

$$0 = -0{,}2 \cdot x^2 + 28$$
$$0{,}2x^2 = 28$$
$$x^2 = 140$$
$$x \approx \pm 11{,}8$$

Die Nullstellen liegen also bei $N_1(11{,}8\,|\,0)$ und $N_2(-11{,}8\,|\,0)$.

b 3. Das Gerüst befindet sich bei $y = 25{,}5$ und reicht von einem x-Wert der Parabel an dieser Stelle zum anderen. Es werden also an der Stelle $y = 25{,}5$ die Funktionswerte für x berechnet:

$$y = -0{,}2 \cdot x^2 + 28 \text{ mit } y = 25{,}5:$$
$$25{,}5 = -0{,}2x^2 + 28$$
$$0{,}2x^2 = 2{,}5$$
$$x \approx \pm 3{,}53$$

Da die Breite des Gerüsts sich von einem x-Wert bis zum anderen erstreckt, gilt $b = 2 \cdot x$, also $b = 7{,}07$ m.

Die Arbeitsfläche kann maximal 7,07 m breit sein.

Aufgabe 4 c.

c 1. Der Wachstumsfaktor bei 0,75 % Zinsen ist 1,0075. Der Betrag B_1 bzw. B_2, der nach ein bzw. zwei Monaten zu zahlen ist, ist damit:

$B_1 = 40\,000$ € $\cdot$ $1{,}0075 = 40\,300$ €

$B_2 = 40\,300$ € $\cdot$ $1{,}0075 = 40\,602{,}25$ €

c 2. Bei einem Verzug von 6 Monaten muss mit $1{,}0075^6$ multipliziert werden:

$B_6 = 40\,000$ € $\cdot$ $1{,}0075^6 = 41\,834{,}09$ €

41 834,09 € sind nach 6 Monaten zu zahlen.

c 3. Um allgemein auszurechnen, wie viel nach x Monaten gezahlt werden muss, wird eine Formel ähnlich der Zinseszins-Formel mit dem Wachstumsfaktor 1,0075 aufgestellt:

$B_x(x) = 40\,000$ € $\cdot$ $1{,}0075^x$

Schnell-Check Prüfungsteil 2 2009

Aufgabe	Thema			Tipps zum Üben
2 a.	Tabellen und Diagramme			Informiere dich im Internet, was GPS bedeutet und was eine GPS-Messung ist.
2 b.	Prozentrechnung			Ein Auto fährt tatsächlich 70 $\frac{km}{h}$. Der Tacho zeigt den maximalen Wert an, der nach der Vorschrift noch zulässig ist. Wie viel Prozent beträgt die Abweichung des Tachowerts von der tatsächlichen Geschwindigkeit?
2 c.	lineare Gleichungen			Betrachte die richtigen Gleichungen, die in der Aufgabe aufgestellt wurden. Beide Gleichungen sind linear. Welcher Teil der Tacho-Vorschrift bestimmt die Steigung der Geraden, welcher den Achsenabschnitt?
2 d.	Wahrscheinlichkeitsberechnungen			Erläutere die Pfadregel (evtl. mithilfe deines Buches) und suche 3 Beispiele zur Anwendung.
3 a.	Kreisberechnungen			Ordne die unten stehenden Formeln den richtigen Teilen des Kreises zu: Kreisfläche, Kreisumfang, Kreisausschnitt, Kreisbogen, Kreisring. $2\pi \cdot r, \pi \cdot r^2, d \cdot \pi, \pi r_a^2 - \pi \cdot r_i^2, \pi \cdot r^2 \cdot \frac{\alpha}{360°},$ $2\pi \cdot r \cdot \frac{\alpha}{360°}$
3 b.	Zylinder			Stelle die Formeln für Volumen und Mantelfläche eines Zylinders jeweils nach *h* und *r* um. Finde in deiner Umgebung Gegenstände, die die Form eines Zylinders haben, berechne Volumen und Mantel.